浑河中游水污染控制与水环境综合整治技术丛书

闸控型季节性城市河流保护修复模式与技术

彭剑峰　宋永会　等　著

U0287477

科学出版社

北　京

内 容 简 介

随着我国污染防治进入攻坚阶段，如何在点源污染已取得初步成效的基础上，持续提升河湖水环境质量、恢复水生态健康，成为城市水体保护修复亟须破解的难题之一。本书以沈阳白塔堡河为研究对象，详细阐述了闸控型季节性缺水河流的水文水环境特征，着重探索了活水生态调度、滞水区藻类滋生阻控和湿地/滞留塘生态处理三类技术，以期为我国普遍存在的过度闸坝调控、季节性缺水城市河流整治提供模式和技术借鉴。

本书以闸控型季节性城市河流的保护修复为主要研究内容，可供城市水环境管理、城市河流缓冲带恢复和水环境保护的科研和设计人员阅读。

图书在版编目（CIP）数据

闸控型季节性城市河流保护修复模式与技术/彭剑峰等著. —北京：科学出版社，2021.12

（浑河中游水污染控制与水环境综合整治技术丛书）

ISBN 978-7-03-070605-8

Ⅰ. ①闸… Ⅱ. ①彭… Ⅲ. ①城市－河流环境－生态环境保护 Ⅳ. ①X143

中国版本图书馆 CIP 数据核字（2021）第 231701 号

责任编辑：王喜军 郑欣虹 / 责任校对：樊雅琼
责任印制：吴兆东 / 封面设计：壹选文化

科 学 出 版 社 出版
北京东黄城根北街 16 号
邮政编码：100717
http://www.sciencep.com
北京中石油彩色印刷有限责任公司 印刷
科学出版社发行 各地新华书店经销
*
2021 年 12 月第 一 版 开本：720×1000 1/16
2022 年 2 月第二次印刷 印张：9 插页：2
字数：181 000

定价：98.00 元
（如有印装质量问题，我社负责调换）

作 者 名 单

彭剑峰　宋永会　高红杰　颜秉斐

姜诗慧　于会斌　荆治严　钱　锋

肖书虎　陈晓东　张　华　李宁江

唐小雨　李　浩　任兆勇　袁　鹏

前　言

为提高城市水文化价值和水景观效果，增强河流水质水量的受控性，近几十年来我国大部分城市取消了城市河流缓冲带，修建了二面光/三面光的平直河道，高密度布设了大量闸坝，割裂河流，这消除了城市河流看似无序的水质水量变化，减小了河流水量季节性变化的冲击，但也带来了城市河湖季节性缺水、水污染加剧和水生态严重受损等问题。尤其在我国季节性缺水的北方城市，闸控型河流普遍存在，大部分河流水文水利特征越来越接近于城市内湖，城市河流污染严重，如何加强这类过度闸坝调控与季节性缺水城市河流的治理成为当前城市水环境改善的主要问题。

我国很早就已经开始了河湖水体生态修复的理论和技术研究，并在很多小流域综合治理中进行了应用推广，取得了丰硕成果。尽管国内学者针对城市河流治理的研究很多，但专门针对城市闸控型河流水环境治理和水生态修复的研究仍较少，尚未形成专门的技术体系和专有理论。

浑河是辽宁省流经面域最广、水资源最丰富的内河，被誉为沈抚人民的"母亲河"。白塔堡河是浑河的Ⅰ级支流，是沈阳市的内河，河流发源于农村，但主要河段流经城市区域。河道长度不足50km，却分布着十多个闸坝，这导致河流水动力不足且污染突出。为解决相关问题，国家"十二五"水专项课题"浑河中游水污染控制与水环境综合整治技术集成与示范"（2012ZX07202-005）提出了针对北方城市闸控型季节性城市河流进行综合整治模式创新和技术研发的任务。本书以水专项研究成果为基础，以沈阳白塔堡河为研究对象，剖析了闸控型季节性城市河流水环境生态特征，着重探索了轻污染活水生态调度、滞水区藻类滋生阻控和湿地/滞留塘生态处理三类闸控型河流修复技术，以期为我国普遍存在的过度闸坝调控、季节性缺水城市河流治理提供模式和技术借鉴。

受项目研究对象及时效性的局限，加之作者水平有限，本书不足之处在所难免，敬请广大读者和专家批评指正。

彭剑峰
2021 年 9 月

目　录

前言

第1章　绪论 ………………………………………………………………… 1

1.1　闸控型城市河流 …………………………………………………… 1

1.2　河流保护修复整体进展 …………………………………………… 2

1.3　闸控型河流个性化技术 …………………………………………… 3

1.3.1　湿地生态处理技术 …………………………………………… 4

1.3.2　滞留塘生态净化技术 ………………………………………… 5

1.3.3　滞水区藻类滋生阻控技术 …………………………………… 5

1.3.4　活水生态调度技术 …………………………………………… 6

第2章　白塔堡河水系特征及调查方法 ………………………………… 7

2.1　河流水系特征 ……………………………………………………… 7

2.2　河流治理存在的问题 ……………………………………………… 7

2.3　调查方法 …………………………………………………………… 8

2.3.1　采样点布设 …………………………………………………… 8

2.3.2　样品采集与保存 ……………………………………………… 9

2.3.3　三维荧光法 …………………………………………………… 10

第3章　闸控型城市河流水环境特征 …………………………………… 13

3.1　白塔堡河水质特征 ………………………………………………… 13

3.1.1　COD 时空变化规律 ………………………………………… 13

3.1.2　NH$_3$-N 时空变化规律 ……………………………………… 14

3.1.3　TP 时空变化规律 …………………………………………… 15

3.1.4　叶绿素 a 浓度时空变化规律 ……………………………… 16

3.2　水质的三维荧光光谱分布特征 …………………………………… 18

3.2.1　水体 DOM 三维荧光光谱特征 …………………………… 18

3.2.2　水体 DOM 荧光强度分布特征 …………………………… 21

3.2.3　DOM 荧光强度与水质的相关性 ………………………… 22

3.2.4　有机物组分季节变化特征 ………………………………… 23

3.2.5　DOM 在不同时期的分布特征 …………………………… 29

3.2.6　DOM 在不同时期所占比例 ……………………………… 32

3.3 基于相似性聚类的水质时空分布特征 ···········35
   3.3.1 水质空间相似性聚类分析 ···········35
   3.3.2 水质时间相似性聚类分析 ···········37
3.4 主成分分析法研究水质特点 ···········38
   3.4.1 干流水质主成分分析 ···········38
   3.4.2 支流水质主成分分析 ···········44
   3.4.3 水质主成分综合分析 ···········45
3.5 污染分级及溯源分析 ···········46
   3.5.1 污染状况评估 ···········46
   3.5.2 支流 N、P 元素汇入总量分析 ···········47

第4章 湿地/滞留塘生态净化技术 ···········53
4.1 工艺选择 ···········53
   4.1.1 工艺类型选择 ···········53
   4.1.2 试验装置设计 ···········53
   4.1.3 工艺运行条件 ···········54
4.2 净化能力分析 ···········54
   4.2.1 COD 去除效果分析 ···········54
   4.2.2 TN 去除效果分析 ···········55
   4.2.3 TP 去除效果分析 ···········56
   4.2.4 DOM 的三维荧光光谱特征 ···········58
   4.2.5 污染物净化效果对比 ···········59

第5章 活水生态调控技术 ···········60
5.1 生态调水模型选择 ···········60
5.2 模型构建 ···········61
   5.2.1 污染源分析 ···········61
   5.2.2 UAL2K 水质模拟步骤 ···········64
   5.2.3 数据来源 ···········65
   5.2.4 模型参数的选择与确定 ···········66
   5.2.5 模型验证结果 ···········67
5.3 调水量评估 ···········69
5.4 调水对水质影响 ···········69
5.5 调水前后水质变化模拟 ···········70
5.6 调水后水质类别变化 ···········73

第6章 闸控型城市河流滞水区藻类滋生阻控技术 ···········78
6.1 铜绿微囊藻生长特性 ···········78

6.1.1　试验材料 ················· 78

6.1.2　试验方法 ················· 79

6.1.3　铜绿微囊藻生长特点 ················· 80

6.1.4　铜绿微囊藻生长过程中理化指标变化 ················· 82

6.2　海泡石对对数期微囊藻去除效果 ················· 87

6.2.1　MSCM 制备所需材料与方法 ················· 87

6.2.2　除藻试验所需材料与方法 ················· 88

6.2.3　藻类去除效果对比分析 ················· 89

6.3　改性海泡石组合材料对不同生长期藻类去除效果 ················· 100

6.3.1　MSCM 对稳定中期铜绿微囊藻去除效果分析 ················· 100

6.3.2　MSCM 对衰亡期铜绿微囊藻去除效果分析 ················· 103

6.4　硅藻土和改性黏土除藻研究 ················· 107

6.4.1　絮凝剂与改性黏土协同除藻 ················· 107

6.4.2　絮凝剂与改性黏土协同去除 N、P ················· 109

6.4.3　絮凝剂与改性黏土协同对 DOM 的去除效果 ················· 110

6.4.4　改性材料表征 ················· 112

6.4.5　再悬浮试验 ················· 114

6.5　沉降絮体再悬浮与有机物释放 ················· 115

6.5.1　试验所需材料与方法 ················· 116

6.5.2　沉降絮体稳定性分析 ················· 116

6.5.3　沉降絮体向水体中释放有机物追踪分析 ················· 120

第 7 章　工程实际效果研究 ················· 124

7.1　现场中试模拟研究 ················· 124

7.2　现场中试模拟试验效果 ················· 125

7.2.1　常规指标变化 ················· 125

7.2.2　COD 去除效果分析 ················· 126

7.2.3　TN 去除效果分析 ················· 127

7.2.4　NH_3-N 去除效果分析 ················· 128

7.2.5　TP 去除效果分析 ················· 128

7.3　河口湿地实际工程及运行效果 ················· 129

参考文献 ················· 131

彩图

第1章 绪 论

我国水资源总量丰富，但人均水资源量较少，且呈下降趋势。据统计，我国年平均水资源总量约为 28000 亿 m³，其中，平均地下水资源量约为 8100 亿 m³，平均河川径流量约为 27000 亿 m³，重复计算水量约为 7200 亿 m³。此外，我国水资源还存在空间分布不均、东多西少、南多北少、相差悬殊等特征，这成为我国水资源合理开发利用的一大障碍。特别是 1980 年以来，随着我国社会经济快速发展和城市化水平迅速提升，全国用水量和污水排放量持续增长，全国大部分地区水污染程度不断加剧，水环境质量持续恶化，并在城乡形成了大量黑臭水体。

1.1 闸控型城市河流

河流是陆地表面上经常或间歇有水流动的线形天然或人工水道，其对社会经济发展具有重要作用。城市河流狭义上是指全部河段位于城市建成区内的河流，广义上是指主要河段流经城市区域，河流水文、水环境、水生态等特征受城市影响较大的河流，本书所说的城市河流特指广义上的城市河流。

在当前中国，尤其在一些北方城市，河流是城市水系的重要组成部分，具有资源的稀缺性和价值性特点，城市河流为城市的形成与发展提供了资源支持与环境基础，其健康发展是关系城市生存与发展的重要因素。从物质层面来分析，城市河流的存在可以提供生活上的便利、生产上的资源和社会经济效益等；从精神层面来分析，城市河流为人类提供了休闲娱乐、景观构建和社会风俗的场所。正是由于城市河流具有重要的服务功能，河流在人类社会经济发展中的作用越来越强大。为了最大可能地利用城市河流的自然资源禀赋，城市往往按照自己的需求不断向河流索取。闸控型城市河流就是人类在城市河流服务功能利用过程中形成的一类城市河流，这类河流往往存在以下问题：生态空间被侵占、河道外形平直以利于行洪、高密度闸坝建设以利于保存水面、大量污染直接或间接排放以利于城区卫生。闸控型城市河流是河流服务功能被充分索取的一种最典型形式。然而，越来越多的研究同时表明，随着城市河流服务功能充分被索取，河流水资源枯竭和水环境恶化加剧，其资源价值会相应减小，服务功能也会相应减退。

闸控型城市河流过度发展不利于我国污染防治攻坚战的顺利实施。为了保障国家水环境安全，2015 年 4 月国务院发布的《水污染防治行动计划》中明确提出要加强城市区域水环境综合整治，加强建成区黑臭水体消除，加强河湖水生态恢复，进而实现我国水生态环境质量全面改善。要实现上述目标，必须要积极开展城市受污染水体的点源污染治理、面源污染阻控及水生态修复等系列工程，也必须要结合我国城市河流过度闸控这一突出问题（在北方季节性缺水城市尤其严峻），开展前瞻性和应用型技术研究，提出适合我国城市闸控型河流水环境水生态特征的新技术、新方法和新设备，并对技术进行工程化验证。因此，针对闸控型季节性城市河流的特征开展保护和修复技术研发及应用示范对于城市区域实现"鱼翔浅底、水清岸绿"具有重要意义。

1.2　河流保护修复整体进展

近年来，随着城市建成区黑臭水体综合整治工作的有序推进，大量城市河流治理的技术和案例在国内涌现，起到很好的示范和带头作用，但大部分研究和工程缺乏针对闸控型城市河道特征的技术优化，也缺乏闸控型季节性城市河流保护修复的专有理论和技术凝练。

城市河流是一个复杂的线性天然及人工水道，其水体流动过程中需要不断与周边环境发生物质和能量交换，例如，污水通过管道排入河道的过程中，污水中大量的有机物也直接进入河道，有机物是水生生物重要的碳素来源，对于水生生物的生长繁殖具有重要作用。从本质上来说，陆地是河流存在的物质基础和保障，水陆是相互依存的，没有陆地的存在，河流中也就不会有水、营养物和多种多样的微生物。城市河道上闸坝的大量建设一定程度上改变了城市河流的水文水生态特征，进而改变了河流与陆地间的物质和能量循环。因此，闸控型城市河流的治理技术并不应该简单地局限于传统的河道内水环境的修复、水污染的治理及水生态的修复，而应充分考虑闸控型河流水文特征，做到"水陆统筹、因地制宜"。

目前，国际上河流治理和修复的案例很多，比较经典和得到普遍认可的仍是莱茵河的整治工程。自 20 世纪 80 年代开始的莱茵河治理为世界上河流的生态工程技术提供了经验和借鉴。保护莱茵河国际委员会（International Commission for the Protection of the Rhine，ICPR）于 1987 年提出了《莱茵河行动计划》（Rhine Action Program），即以生态系统修复作为莱茵河重建的主要指标，到 2000 年实现鲑鱼重返莱茵河。该河流治理的长远规划命名为"鲑鱼-2000 计划"。沿岸各国投入了数百亿美元用于治理污染和建设生态系统。到 2000 年，莱茵河全面实现了预定目标，沿河森林茂密，湿地发育，水质清澈洁净。鲑鱼已经从河口洄游到上游（瑞士）一带产卵，鱼类、鸟类和两栖动物重返莱茵河[1]。

受国外河流水生态修复经验和案例的影响，我国早在约 20 世纪 90 年代开始也提出要开展河流的生态治理和保护，并在很多城市河流治理体系中进行了实践和验证，但是大部分生态治理并不成功。总体来看，我国存在多部门分头管理和治理河流的情况，也就是长期被诟病的"九龙治水"问题，流域治理缺乏系统统筹，而是由各部门按照职能分工对河流进行相应治理。例如，有的地方水利主管部门对城市河道的治理侧重于河道的裁弯取直，提高河流的行洪能力，降低洪水在城市区域内的聚集；住房和城乡建设部门的工作侧重于污水厂和排污口管控，但对河流水质不负管理责任；河湖水环境污染压力长期由环保部门担负，但其在城市环保设施建设、企业引进中缺乏主导权。这导致我国河流生态修复的理念尽管并不落后于国外，但是在实际工程实践中无法得到真正贯彻和落实，无法真正对水环境改善发挥作用。

相应地，由于缺乏河流生态修复理论与实践之间的长期相互验证和促进，我国在河流生态修复工程实践方面仍处于起步和技术探索阶段，河流水生态治理与保护工作基本处于水景观建设阶段，河道生态护坡也多体现为河道绿地建设，缺乏对传统水利、生态系统栖息地与河道景观的有机结合。例如，多数地方的河道整治，尤其是中小型河流，其治理理念仍停留在渠道化、衬砌等已被许多发达国家舍弃的做法。总之，当前城市河道治理存在的问题主要在于：①重点放在河流岸边的绿化和景观化，对河流水生态整体构建考虑较少。②发掘历史人文景观较多，建设了大量楼台亭阁和仿古的建筑物，对于发掘河流自然美学价值较少涉足。特别是继续采用浆砌条石护岸和几何规则断面，使河流的渠道化问题进一步加剧。

1.3　闸控型河流个性化技术

河流的保护修复技术体系复杂，其中，生态空间优化布局、污水处理厂提质增效、污水管网建设修复、面源污染控制、生态修复和底泥清淤疏浚等均属于河流污染治理技术体系。闸控型河流与传统河流的差异体现在水动力、水文、水环境等多方面，在外源污染治理、底泥清淤、面源污染治理等方面技术体系相对一致。因此，本书聚焦闸控型河流保护修复的个性问题，以浑河支流白塔堡河为研究对象，着重阐述了闸控型季节性城市河流的水文水环境特征，并开展了轻污染活水调度、滞水区藻类污染阻控和湿地/滞留塘生态处理等技术研发与工程验证，以期提高北方城市河流水环境水质保持能力。

1.3.1　湿地生态处理技术

人工湿地是一种传统的污水处理工艺,它是通过一种人工构造的水生态系统,利用填料、水生植物和微生物的协同作用实现污水中污染物的净化。在我国,人工湿地系统最早被用来处理城市生活污水,现在多被用于处理被污染的地表水或城市达标尾水。受外界温度变化和植物生长季节性影响,人工湿地通常不具备对污染物全年持续高效率的去除能力,但其水生态恢复和水质保持能力逐渐得到认可。人工湿地中微生物的生长速率高,具有较强的污染物降解能力。湿地结构中的植物在直接吸收营养物的同时,还能够通过根系分泌物促进微生物的生长。湿地中的基质则通过拦截、过滤和吸附等作用直接去除污染物,并为植物和微生物的生长提供空间[2]。

按照湿地中水流形态的不同,传统人工湿地可以分为表流人工湿地、水平潜流人工湿地和垂直潜流人工湿地。河道湿地基本延续传统人工湿地的构型和设计,是为了适应更为复杂的水质特点和冲击负荷。河道湿地在传统湿地的基础上进行工艺改造,也衍生了不同的湿地类型。

(1)表流河道湿地。通常都具有开阔的水面,可种植浮叶植物、浮游植物、沉水植物和挺水植物。表流河道湿地通过沉降、过滤、氧化、还原、吸附和沉淀等过程实现对流经湿地的水体的净化。表流河道湿地通常结合河道缓冲带一起建设,也能够在包括高纬度北方地区在内的大部分地区使用,建设、运行和维护费用较低,但是冬季的低温会减弱湿地对含 N 污染物的去除能力,而且水面的冻结也会影响湿地的水力状况。

(2)水平潜流河道湿地。水平潜流河道湿地中水体的运行水位在基质表面以下,待处理受污染河水与湿地植物的地下部分及其根际直接接触。由于受污染河水不直接暴露,湿地的卫生条件较好,且不易滋生蚊蝇。受污染河水在湿地床的内部流动过程中,一方面可以充分利用基质表面生长的生物膜、丰富的根系及表层土和基质的截留等作用,改善其处理效果,提高其处理能力;另一方面利用水流在地表下流动,具有保温性能好、处理效果受气候影响小、卫生条件较好等优点,是目前研究和应用较多的一种湿地处理系统。

(3)垂直潜流河道湿地。该类湿地可以提高水平流湿地中的氧气转移速率,增强对 NH_3-N 的硝化能力,其构造与水平潜流湿地相似,只是布水方式不同。水流从进口起沿垂直方向流动,出水口一般设在湿地系统的底部。随着研究的深入,垂直流湿地逐渐出现了上向流、多点布水、潮汐流、虹吸等形式。垂直流人工湿地表层为渗透性良好的砂层,水力负荷一般较高,对 N、P 去除效果较好。

1.3.2　滞留塘生态净化技术

人工滞留塘最早出现于 20 世纪 60 年代的美国、加拿大、英国等[3]，主要用来控制城市暴雨径流；从 20 世纪 80 年代开始，滞留塘在地表径流污染控制中的作用逐渐受到重视。滞留塘生态净化技术作为一项简单有效的径流污染控制技术，广泛应用于面源污染阻控、河流湖泊等天然水体污染的治理。

滞留塘生态净化技术应用于河道污染治理过程中，主要通过重力沉降、水生植物吸收和微生物降解等综合作用净化水质，其中，颗粒物的重力沉降是滞留塘净化污染物的主要途径。受污染河水在塘内滞留的过程中，水中的有机物通过好氧和兼氧微生物的代谢活动被氧化分解。好氧微生物代谢所需的溶解氧（dissolved oxygen，DO）由塘表面的大气复氧作用及藻类的光合作用提供，有时也可以通过人工曝气补充供氧。

作为常见的污水生态处理技术，滞留塘生态净化技术具有一系列较为显著的优点：能够充分利用地形，工程简单，建设费用低；处理污水能耗小，维护管理方便，成本低廉；能够实现污水资源化，使污水处理与利用相结合等。滞留塘生态净化技术可以长期发挥作用，而且所需的管理维护远少于其他技术。将滞留塘生态净化技术应用于污染河流水质净化时，应结合河流的环境水质特点与河流的理化结构，合理应用，充分发挥滞留塘的生态景观功能作用。

1.3.3　滞水区藻类滋生阻控技术

中国北方地区大部分城市河流缺乏自然补给水源，导致大部分河道成为行洪河道，一年中大部分季节干涸。为此很多北方河流沿河建设了大量闸坝，以形成大面积的静止水面，形成水景观效果。这种措施虽然保障了一年中大部分时间内河流水面的存在，但也形成了大量河道滞水区，一定程度上促进了河流的富营养化。尤其针对城市内河道，由于部分河段是三面光设计，高温期河道内极易滋生大量藻类，因而藻类的应急控制也成为城市河流生态修复的重要内容。

目前应用比较广泛的物理除藻技术包括机械除藻法、底泥疏浚法、外来水资源冲洗法、γ 射线法等。物理除藻技术除藻效果明显、见效快、环保、无二次污染，但是其在去除粒径较小的藻细胞、处理密度较小的含藻水体时存在困难，同时对水体中的 N、P 缺少去除能力，可能在除藻后短期内再次暴发，不能达到较长时期的控藻、抑藻目的。化学药剂也是一种有效除藻的技术手段，其根据作用原理的不同可以划分为氧化型除藻剂、藻毒性除藻剂[4]。顾名思义，氧化型除藻剂是利用药剂的氧化性来杀灭水体中的藻细胞，达到除藻的目的；藻毒性除藻剂则是利用药剂对藻细胞的生物毒性来杀死藻细胞的。近年来，随着除藻需求的增大，国内外对新型功能材料除藻的需求也越来越大，其中，海泡石是最有潜力的功能材料之一[5]。

海泡石因为其独特的纤维状结构和表面特点具有良好的稳定性，所以被广泛应用于有机物的吸附领域。海泡石内部孔道存在大量阳离子，如 K^+、Na^+、Ca^{2+}等，在浸泡盐类物质时阳离子能够与液体中的阳离子发生离子交换，从而对海泡石进行表面改性。海泡石常见的改性方式有酸改性、盐改性、热改性等。酸改性的过程就是利用强酸中的 H^+ 与海泡石骨架发生离子交换，在交换的同时去除海泡石中含有的大量碳酸盐类物质，这也让海泡石内部的孔隙进一步变大；盐改性是利用海泡石浸提结构中的离子与盐离子发生交换，从而让海泡石负载上所需的目标离子，达到想要的性质；热改性海泡石是一种高效、环境友好的组合材料，在控制藻类生长的同时降低水体中 N、P 的水平，从而达到长期控藻、抑藻的目的。

1.3.4　活水生态调度技术

城市河流的季节性缺水已成为常态。闸控型季节性城市河流在缺水状态下，河床往往大部分裸露，仅部分深沟或闸前深水区存在停滞水体。由于缺乏足够的生态基流，河流水动力不足，水体自净能力偏低，往往会出现水体黑臭或藻类过度滋生等问题。对于季节性河流，调水工程可以增加水量，降低污染物浓度，并且可以提高水体的复氧能力，加快水体污染物降解速度，达到修复水环境的目的。因而，进行必要的活水生态调度是降低闸控型季节性城市河流滞水区水环境风险、提升水生态安全的重要措施。

目前基于河流水质水量优化调度的技术较多，绝大多数是基于优质补给水，采用系统分析方法或最优化技术，通过分析水资源配置系统的各个方面，构建满足既定目标和约束条件的最佳水资源调度策略。进行水资源优化调度求解的算法有数学规划方法、网络流方法、大系统分解协调方法和模拟技术等。因为数学模拟技术可以详细地预测模拟各种来水条件、需水过程和运行方式场景下水资源调度的运行特性和预期效益，所以在国内外得到广泛的应用。

闸控型城市河流水资源生态调度具有一定的局限性。首先，城市区域普遍缺水，缺乏大量的清水补给来源；其次，可用的补给来源常为污染或轻污染状态，生态补给难以同时监管水质和水量；最后，缺乏基于城市河流滞水区水生态保护的水资源调控技术，尤其缺乏针对城市河流应急期或者河流水质突然恶化期水量的优化调度技术。

第 2 章　白塔堡河水系特征及调查方法

2.1　河流水系特征

浑河，在汉唐以前称辽水、小辽水，辽代以后称浑河，因水流湍急，水色浑浊而得名，是辽宁省的主要河流之一。浑河全长 415km，流域面积 1.15 万 km^2，支流多集中在中上游河段，其中，流域面积大于 100km^2 的支流有 31 条。

白塔堡河是浑河水系的 I 级支流，也是浑河中游左侧系主要河流之一。该河发源于浑南区李相镇老塘峪村，由东向西流经李相、深井子、南塔、五三、白塔、浑河东、浑河西 7 个街区，并在浑河西街道汇入浑河。白塔堡河上游位于浑南区东南部，为辽东低山丘陵的边缘，最高海拔 187.6m；中游区域处于由低山丘陵到浑河冲积平原的过渡地带，地势较为平坦，平均海拔为 50m 左右；白塔堡河中下游为浑河冲积平原，地势平坦，海拔在 37.8～48.2m。白塔堡河全长 48.5km，流域面积 178km^2，多年平均径流量为 2790×10^4m^3，是一条典型的城市河流。

2.2　河流治理存在的问题

当地政府自 2011 年开始对白塔堡河进行全面整治，截至 2013 年白塔堡河周边的点源污染已基本得到有效控制，白塔堡河大部分河段消除了黑臭状态，水质明显改善，但截至 2013 年 "浑河中游水污染控制与水环境综合整治技术集成与示范"（2012ZX07202-005）项目实施前，水质仍无法达到国家及省市断面考核要求。白塔堡河所暴露出来的治理难点包括以下几点。

1. 闸控断面过多导致河流水动力不足

为确保白塔堡河城市河段内的水景观，白塔堡河进入城区后，在短短不到 30km 的干流及支流河道上，分布着各式各样的闸坝 10 余处。低温期水体基本呈停滞状态；高温期水动力不足，也极易导致局部河段水质恶化，藻类的大量滋生成为常态。

2. 分散点源及面源难以控制

白塔堡河中游城乡接合部分布着大量的棚户区、企事业单位和农田，降水径流经明渠或汉河进入白塔堡河过程中会携带大量的畜禽粪污、农业化肥、农业秸秆等，导致雨季污水入河量显著增大。

3. 河流水质普遍为劣 V 类

尽管白塔堡河水质近年得到有效改善，但水质仍普遍为劣 V 类，属于重污染状态，主要超标污染物为化学需氧量（chemical oxygen demand，COD）、氨氮（NH_3-N）和总磷（total phosphorus，TP）。而随着沈抚地区同城化进程加快，新兴工业区、乡镇、大学城或居民新住宅区大量出现，大量未经恰当处理的污水排入河流，成为新的污染源。

2.3　调 查 方 法

2.3.1　采样点布设

为系统了解白塔堡河上中下游水环境时空变化，本书针对白塔堡河干流和主要支流进行了全年的采样分析。采样点共设置 37 个，其中，干流设置采样点位 17 个，支流设置采样点位 20 个。采样点位分布、经纬度坐标如图 2.1 和表 2.1 所示。

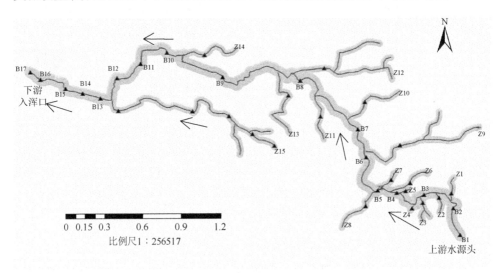

图 2.1　白塔堡河采样点位

表 2.1　白塔堡河采样点位坐标

类别	编号	采样点名称	坐标
干流	B1	水源头	41°37′06.3″N，123°39′38.4″E
	B2	老塘峪	41°37′56.8″N，123°39′33.2″E
	B3	杏村	41°37′54.3″N，123°37′51.5″E
	B4	李相桥	41°38′46.6″N，123°36′48.7″E

续表

类别	编号	采样点名称	坐标
干流	B5	李相新村	41°39′24.6″N，123°36′47.6″E
	B6	高八寨	41°40′51.6″N，123°36′20.8″E
	B7	永安桥	41°41′32.6″N，123°36′06.0″E
	B8	施家寨	41°42′53.9″N，123°34′38.7″E
	B9	营城子	41°42′29.2″N，123°31′10.8″E
	B10	理工大学	41°43′31.5″N，123°29′03.1″E
	B11	21 世纪湖	41°42′57.0″N，123°27′34.7″E
	B12	白塔北	41°42′04.9″N，123°25′39.3″E
	B13	白塔西	41°42′39.1″N，123°25′22.1″E
	B14	南京南街	41°41′58.8″N，123°24′01.4″E
	B15	胜利大街	41°42′17.8″N，123°23′09.7″E
	B16	曹仲屯	41°43′15.7″N，123°20′53.3″E
	B17	入河口	41°43′31.0″N，123°20′24.9″E
支流	Z1	后老塘峪支流一	41°38′05.8″N，123°39′29.8″E
	Z2	石官屯支流二	41°38′01.0″N，123°38′41.9″E
	Z3	杏村西支流三	41°37′48.6″N，123°37′37.6″E
	Z4	美兰湖支流四	41°37′41.6″N，123°37′05.3″E
	Z5	李相南支流五	41°38′33.7″N，123°37′13.5″E
	Z6	王士兰村支流六	41°39′00.4″N，123°37′33.7″E
	Z7	邦士台支流七	41°39′24.6″N，123°36′47.6″E
	Z8	李相新村北支流八	41°39′33.8″N，123°36′41.2″E
	Z9	老瓜寨支流九	41°41′07.2″N，123°37′08.9″E
	Z10	高力堡支流十	41°41′55.1″N，123°36′14.4″E
	Z11	保合村支流十一	41°41′51.2″N，123°35′30.1″E
	Z12	施家寨支流十二	41°43′07.8″N，123°34′19.5″E
	Z13	南井村支流十三	41°42′23.0″N，123°34′09.1″E
	Z14	张沙布支流十四	41°43′14.0″N，123°30′09.1″E
	Z15	白塔镇支流十五	41°41′49.4″N，123°25′43.4″E
上深河	Z15a	上泉水峪村	41°40′29.3″N，123°33′37.5″E
	Z15b	下泉水峪村	41°40′53.0″N，123°32′57.0″E
	Z15c	前桑林子	41°42′03.6″N，123°30′54.1″E
	Z15d	全运北路	41°41′56.7″N，123°28′34.1″E
	Z15e	白塔镇支流十五	41°41′49.4″N，123°25′43.4″E

2.3.2　样品采集与保存

本书研究期间对白塔堡河流域的 37 个采样点位进行了为期一年的水质监测。采样时间集中于 2012~2013 年。采样频次为冬季冰封期间每两个月采样一次，春汛融水期每半个月采样一次，其他时期每个月采样一次。

监测指标有水温、溶解氧（DO）、pH、电导率（electric conductivity，EC）、氧化还原电位（oxidation reduction potential，ORP）、化学需氧量（COD）、五日生化需氧量（biochemical oxygen demand-5，BOD_5）、总氮（total nitrogen，TN）、氨氮（NH_3-N）、硝氮（NO_3-N）、亚硝氮（NO_2-N）、总磷（TP）、叶绿素 a（chlorophyll a，chl-a）、总有机碳（total organic carbon，TOC）和微生物学指标等。

选用指数评价法中的内梅罗指数法，对白塔堡河小流域干流和支流分别进行空间和时间的水质综合评价，初步识别白塔堡河小流域水质污染特征及污染来源。以水质监测获得的水质数据为研究对象，进行水质指标的多元统计分析，对白塔堡河干流和支流水质进行相似性聚类分析和主成分分析，解读小流域水质的空间和时间分布特征。相关多元数理分析工作通过 SPSS16.0 软件完成。

试验所用仪器设备如表 2.2 所示。

表 2.2　试验所用仪器设备

仪器名称	型号	生产厂家
生化培养箱	SPX-250B-Z	上海博讯实业有限公司医疗设备厂
高速台式冷冻离心机	TGL-16M	长沙湘仪离心机仪器有限公司
立式压力蒸汽灭菌器	LS-B50L-Ⅱ	江阴滨江医疗设备有限公司
超级洁净工作台	DL-CJ-2ND	北京东联哈尔仪器制造有限公司
超声波清洗器	KQ-500E	昆山市超声仪器有限公司
电子天平	AL-204	梅特勒-托利多仪器（上海）有限公司
电热恒温鼓风干燥箱	DH-101	天津市中环实验电炉有限公司
数显恒温磁力搅拌器	85-2A	北京市永光明医疗仪器厂
电热恒温水浴锅	HW·SY11-K	北京市长风仪器仪表公司
一次性无菌注射器	10ml	上海治宇医疗器械有限公司
便携式水质测定仪	Thermo Orion Star	赛默飞世尔科技公司
COD 消解器	DRB200	哈希公司
总有机碳测定仪	TOC-L CPH CN200	岛津公司
三维荧光光谱分析仪	F-7000	日立公司
紫外可见分光光度计	UV-4802	尤尼柯（上海）仪器有限公司

2.3.3　三维荧光法

利用三维荧光法技术分析样品能够使激发波长与发射波长或其他变量同时发生变化，从而获得相应的荧光强度信息[6-10]。这种技术可以将荧光强度表示为激发波长-发射波长、波长-相角等两个变量的函数,以此来对水体中的有机物进行定量分析。三维荧光法用于定量分析的依据是:有机物在一定浓度范围下,荧光强度与其浓度呈线性关系,并遵循

$$F = 2.3K\Phi\varepsilon C \tag{2.1}$$

式中,Φ 为被测物质荧光效率;ε 为被测物质的摩尔消光系数;C 为被测物质的浓度;K 为常数(与荧光效率有关)。

在设定参数的测试条件下,激发波长和发射波长共同制约着扫描样品的荧光强度。因而,可以根据环境样品三维荧光光谱荧光中心位置及其他特点,确定其大概的物质组分,进而建立有机物指纹辨认指标体系,并对水体中溶解性有机物进行溯源分析。基于天然水体中常见有机物的类别,以及荧光光谱图中各自顶峰对应的荧光激发和发射波长,国外研究者建立了天然荧光有机物的 PARAFAC 模型(表 2.3)在荧光有机物的三维荧光分析领域,该模型得到普遍认可和广泛使用[11]。

表 2.3　天然水体常见有机物的荧光识别位置

标志	种类	激发波长/nm	发射波长/nm
A	UV 腐殖质 a	230	430
	UV 腐殖质 b	260	380～460
C	可见腐殖质	320～360	420～460
D	土壤富里酸	390	509
E	土壤富里酸	455	521
M	航运腐殖质	290～310	370～410
N	浮游植物生产力相关	280	370
T	蛋白质(色氨酸)	275	340

注:UV 腐殖质为天然水体中有机物的一种分类

一般来说,类蛋白(protein like)峰一般较多出现在污水中,而腐殖酸和类腐殖酸在较为洁净的天然水体中占据主导地位[12]。由于类蛋白一般是受人类活动影响而出现的荧光峰,在一定程度上可以将类蛋白峰作为判别人类活动对天然水体影响程度的示踪剂[13]。

荧光区域积分(fluorescence regional integration,FRI)方法已经成为解析水体中天然有机物三维荧光光谱的重要手段。FRI 方法把激发波长、发射波长所围成的平面荧光区域划分成五个区域,这五个区域分别代表五种不同类型的有机物,包括:芳香蛋白类物质 I、芳香蛋白类物质 II、富里酸类物质、溶解性微生物代谢产物及腐殖酸类物质(具体的波长分布范围参见表 2.4)。运用 Origin 等数据处理软件对特定荧光区域的积分体积(φ_i)进行计算,得出具有相似性质有机物的累积荧光强度。最后对荧光区域的积分体积标准化处理,即乘以每个积分区域特

定的倍增系数，从而得到特定荧光区域积分标准体积（φ_i,n），该积分标准体积所反映的仅是对应荧光区域内具有特定结构有机物的相对含量[14, 15]。具体计算公式为

$$\varphi_{i,n} = MF_i\varphi_i = MF_i \iint\limits_{\text{exem}} I\left(\lambda_{\text{ex}}\,\lambda_{\text{em}}\right)\text{d}\lambda_{\text{ex}}\text{d}\lambda_{\text{em}} \tag{2.2}$$

$$\varphi_{T,n} = \sum_{i=1}^{5} \varphi_{i,n} \tag{2.3}$$

$$P_{i,n} = \varphi_{i,n}/\varphi_{T,n}\times100\% \tag{2.4}$$

式中，$\varphi_{i,n}$ 为荧光区域 i 的积分标准体积，单位是 au·nm^2；MF_i 为倍增系数，等于某一荧光区域 i 的积分面积占总的荧光区域积分面积比例的倒数；φ_i 为荧光区域 i 的积分体积，单位是 au·nm^2；λ_{ex} 为激发波长，单位是 nm；λ_{em} 为发射波长，单位是 nm；$I\left(\lambda_{\text{ex}}, \lambda_{\text{em}}\right)$ 为激发/发射波长对应的荧光强度，单位是 au；$\varphi_{T,n}$ 为总的荧光区域积分标准体积，单位是 au·nm^2；$P_{i,n}$ 为某一荧光区域 i 的积分标准体积占总积分标准体积的比例。

表 2.4　五个荧光积分区域名称及波长范围

区域	所代表有机物类型	激发波长/nm	发射波长/nm
区域 I	芳香蛋白类物质 I	220~250	280~330
区域 II	芳香蛋白类物质 II	220~250	330~380
区域 III	富里酸类物质	220~250	380~500
区域 IV	溶解性微生物代谢产物	250~280	280~380
区域 V	腐殖酸类物质	250~400	380~500

三维荧光法结合荧光体积积分法可以全方位检测样品中有机物的荧光特性，有助于分析有机物的芳香结构和腐殖化程度，从而提高判别有机物组分和来源的准确性与可靠性。

第 3 章　闸控型城市河流水环境特征

3.1　白塔堡河水质特征

3.1.1　COD 时空变化规律

图 3.1 为白塔堡河 COD 浓度全年均值从上游到下游的变化。由图 3.1 可知，白塔堡河干流 COD 浓度全年平均负荷为 20～50mg/L；从上游到中下游，COD 浓度呈逐渐升高趋势，仅在下游略有降低，且多数支流河全年平均 COD 浓度负荷与其临近的干流点位 COD 浓度全年平均负荷相近，但 Z1、Z5、Z8、Z14 四条支流河的 COD 浓度全年平均负荷高于临近干流点位。

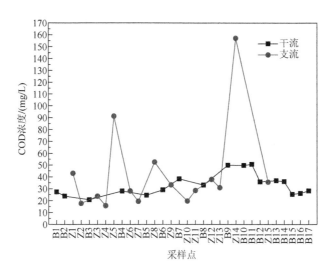

图 3.1　白塔堡河 COD 浓度全年均值沿程变化

图 3.2 为白塔堡河 COD 浓度上下游均值在不同季节的变化。如图 3.2 所示，全年范围内 COD 浓度负荷随时间变化差异明显。COD 浓度负荷较低的情况出现在 9～12 月和次年 8 月，分别对应夏季丰水期和秋冬季平水期。这是由于夏季丰水期河流径流量较大，起到了很好的自净和稀释作用，COD 浓度负荷有所降低；而秋

冬季平水期可能是由于浅层地下水的持续渗入，河流 COD 浓度长时间保持低浓度范围。COD 浓度负荷较高的时期出现在 2～3 月，这一时期对应河流的春汛期，说明河流汇水区内积累的废弃物或农田面源等在春季融水的冲刷下大量汇入河流，造成 COD 浓度负荷明显升高。

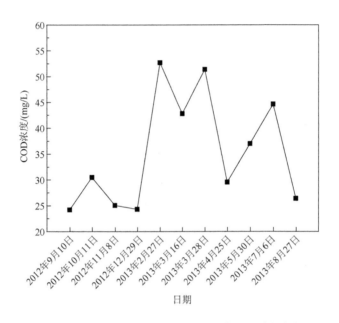

图 3.2　白塔堡河 COD 浓度上下游均值不同季节变化

3.1.2　NH$_3$-N 时空变化规律

图 3.3 为白塔堡河 NH$_3$-N 全年均值从上游到下游的变化。由图 3.3 可知，干流的 NH$_3$-N 呈现从上游到下游逐渐升高的趋势，其中，B10（理工大学）点位略高于临近干流点位，这是理工大学排水泵站生活污水汇入造成的。此外，支流河的 NH$_3$-N 浓度明显高于临近的干流 NH$_3$-N 浓度，这说明支流仍是白塔河 NH$_3$-N 污染的重要来源。

图 3.4 为白塔堡河上下游 NH$_3$-N 均值在不同季节的变化。由图 3.4 可知，全年范围内 NH$_3$-N 负荷较低的情况出现在 9～11 月、次年 4 月和 8 月。8～10 月处于河流丰水期，4 月处于春汛末期，由于在这些时期内河流径流量较大，在充足补给水的稀释及河流自净能力的协同作用下，白塔堡河 NH$_3$-N 整体均值显著下降。

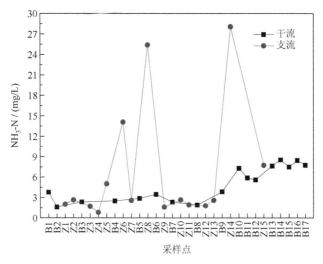

图 3.3　白塔堡河 NH_3-N 全年均值沿程变化

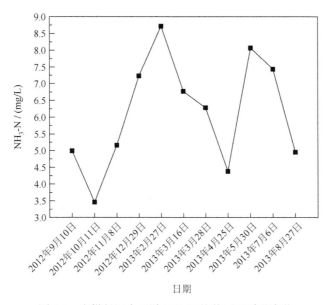

图 3.4　白塔堡河上下游 NH_3-N 均值不同季节变化

3.1.3　TP 时空变化规律

图 3.5 为白塔堡河 TP 全年均值从上游到下游的变化，图 3.6 为白塔堡河上下游 TP 均值在不同季节的变化。由图 3.5 可知，白塔堡河干流 TP 浓度呈现从上游到下游逐渐升高的趋势，其中，白塔堡河支流 TP 仍显著高于干流，是干流 TP 的重要来源，这与 NH_3-N 的排放特征一致。由图 3.6 可知，全年范围内白塔堡河 TP

随时间变化趋势与 NH₃-N 相似，TP 较高负荷出现在 2 月和 5 月。

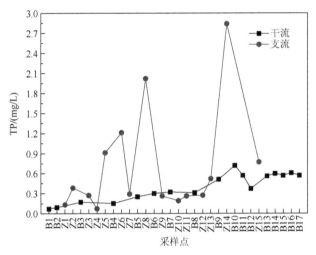

图 3.5　白塔堡河 TP 全年均值沿程变化

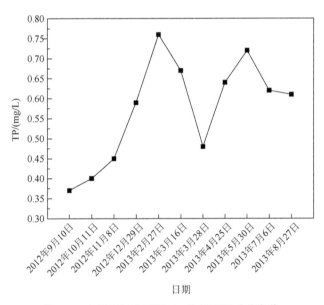

图 3.6　白塔堡河上下游 TP 均值不同季节变化

3.1.4　叶绿素 a 浓度时空变化规律

图 3.7 为白塔堡河叶绿素 a 浓度全年均值从上游到下游的变化。由图 3.7 可知，白塔堡河干流的叶绿素 a 浓度全年平均浓度呈现沿程逐渐升高，下游略有降低的变化趋势，这是因为河流水质自上而下逐渐变差，虽然下游水体含有较高含量的

N、P 元素，但是劣 V 类的水质已经不适合藻类繁殖。

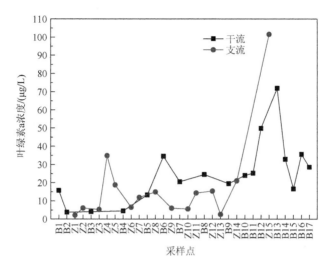

图 3.7　白塔堡河叶绿素 a 浓度全年均值沿程变化

图 3.8 为白塔堡河上下游叶绿素 a 浓度均值在不同季节的变化。由图 3.8 可知，全年范围内叶绿素 a 含量较低的时期为 11 月～次年 3 月，虽然这一时期河水中 N、P 元素含量较高，但该时期对应冬季低温期，不利于藻类的生长。叶绿素 a 含量较高的时期为 4～7 月，这一时期水中有较高含量的 N、P 元素，且气温较高，适

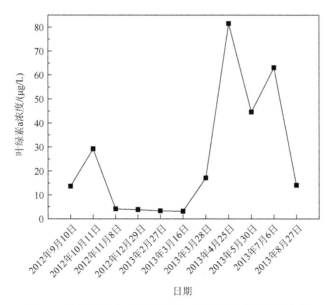

图 3.8　白塔堡河上下游叶绿素 a 浓度均值不同季节变化

于藻类的大量繁殖生长，因此水中叶绿素 a 的含量较高；而 8～10 月虽然气温较高，但由于河流丰水期径流量大，并未造成藻类的大量滋生。

3.2　水质的三维荧光光谱分布特征

3.2.1　水体 DOM 三维荧光光谱特征

图 3.9 为白塔堡河干流 17 个采样点三维荧光光谱图，由此可进一步分析沿河水体溶解性有机物（dissolved organic matter，DOM）的三维荧光光谱特征。由图 3.9 可知，从白塔堡河上游到下游水体 DOM 的荧光峰类型主要有四类，即紫外区类富里酸峰（A 峰）、可见光区类富里酸峰（C 峰）、类蛋白峰（B 峰）、类蛋白峰（T 峰），这与于会彬等[16]分析白塔堡河 DOM 三维荧光光谱得到的结果相同。A 峰、C 峰反映了外源输入的腐殖酸和富里酸，与类富里酸荧光和腐殖质结构中的羟基及羧基有关[17]，可能来源于微生物代谢活动产生的分泌物，如蛋白质、辅酶、腐殖质等[18]。B 峰属于酪氨酸峰，可分为 B1 峰和 B2 峰[19]。T 峰属于色氨酸峰，可分为 T1 峰和 T2 峰[20]。类酪氨酸与 DOM 中的芳环氨基酸结构有关，色氨酸与微生物降解产生的芳香性蛋白类结构有关，这两类蛋白类物质可能来源于洗涤废水、排泄物和餐厨废液等[21]。

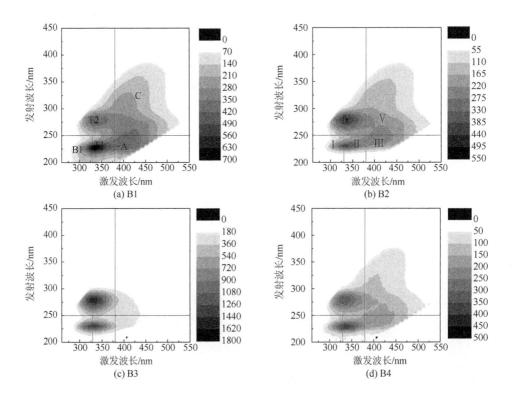

(a) B1

(b) B2

(c) B3

(d) B4

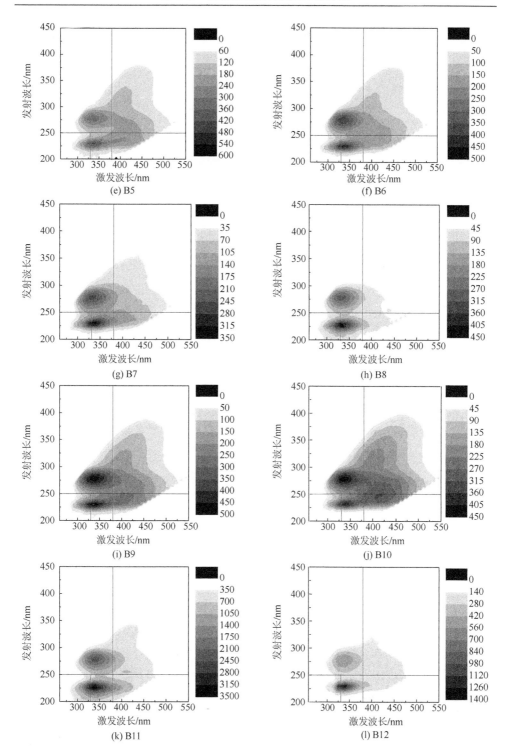

(e) B5

(f) B6

(g) B7

(h) B8

(i) B9

(j) B10

(k) B11

(l) B12

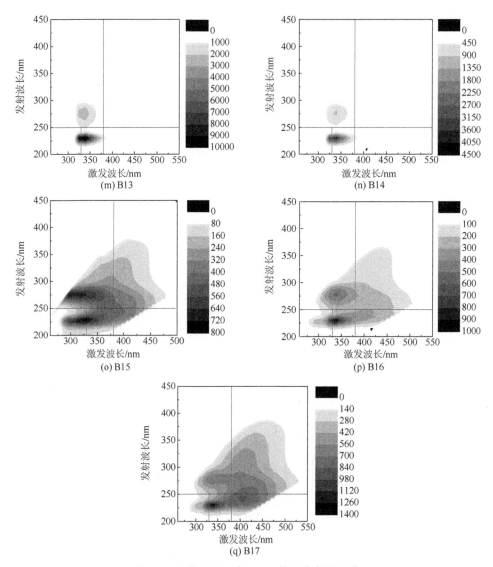

图 3.9　白塔堡河干流 DOM 的三维荧光光谱

　　白塔堡河干流 17 个采样点的峰值分布不同。上游河段及中游部分河段采样点荧光峰值变化较小，说明水中 DOM 含量较少。中游下部河段及下游上部河段（即城乡接合部河段及部分城市河段）荧光强度陡然变大，说明污染物排放量增多，可能与沿河人口增多及工业化程度提高有关。河流两岸人口聚居处出现的河道污染和阻塞，会使得污染物沉降并淤积在河底，影响水生生物的生长。白塔堡河入河口处水质荧光强度逐渐下降，说明水体 DOM 含量逐渐下降。一般认为，若 A、C 两荧光峰值较强，代表 DOM 主要来源于外源物质的输入；若 B、T 两荧光峰值较强，则说明来自于微生物降解的类蛋白质物质（即 DOM 的内源）占主要地位。由图 3.9 可知，不同河段 DOM 的各类荧光峰强度及中心位置都有一定差别，但整条河都存在 A 峰、C 峰、B 峰、T 峰，且 A 峰、T 峰的荧光峰值较强，这说明白塔堡河 DOM 的来源表现出内源和外源的双重特性，其中，内源主要是由水生植物死亡腐烂、微生物分解产生，而外源则主要来源于沿河的工农业污水、生活污水及养殖业排放的污水[22]。

3.2.2　水体 DOM 荧光强度分布特征

水体中的有机物可借助荧光强度函数进行定量分析[23]。三维荧光图谱可划分为 5 个区域，其中，区域 I、II 和 IV 分别为芳香蛋白类物质 I、芳香蛋白类物质 II 和溶解性微生物代谢产物，其荧光信号主要与单环、双环等类蛋白化合物有关；而区域 III、V 分别为富里酸类物质和腐殖酸类物质，区域 III 由紫外区类富里酸、酚类、醌类等物质产生，区域 V 则与可见光区类富里酸、胡敏酸、多环芳烃等分子量较大、芳构化程度较高的有机物有关，与前面 3 个荧光区相比，其所代表物质的分子量更大，芳构化和共轭程度更高。区域积分标准体积 $\varphi_{i,n}$（$\varphi_{i,n}$，$i = I \sim V$）可间接表征水体中各类 DOM 组分的相对浓度，荧光区域积分标准体积占总积分标准体积的比例为 $P_{i,n}$（$P_{i,n}$，$i = I \sim V$）。

白塔堡河沿河 5 个荧光区域积分标准体积全年平均值及百分含量变化如图 3.10 所示。由图 3.10 可知，$\varphi_{总,n}$、$\varphi_{I,n}$、$\varphi_{II,n}$、$\varphi_{IV,n}$ 沿河分布规律相似，都呈中游河段＞下游河段＞上游河段，与传统有机物的分布趋势一致。$\varphi_{III,n}$ 沿河逐渐上升、$\varphi_{V,n}$ 分布较为平缓。白塔堡河五类有机物的区域积分标准体积大小与各组分在 DOM 中含量的顺序分别为 $\varphi_{II,n} > \varphi_{I,n} > \varphi_{IV,n} > \varphi_{III,n} > \varphi_{V,n}$ 和 $P_{II,n} > P_{I,n} > P_{IV,n} > P_{III,n} > P_{V,n}$。各采样点 $P_{i,n}$ 变动较小，波动幅度不大。$P_{V,n}$ 含量为 1.35%～2.96%，即外源输入的富里酸和腐殖酸在 DOM 中含量最少也最为稳定。$P_{II,n}$ 含量为 44.81%～53.30%，可见芳香蛋白类物质 II（主要为色氨酸）含量最多且沿程先升后降。$P_{I,n}$ 值大于 $P_{IV,n}$，二者分别为 15.38%～21.63% 和 14.62%～19.90%。芳香蛋白类物质 I（主要为类络氨酸）含量沿程上升，溶解性微生物代谢产物的含量沿程下降。$P_{III,n}$ 含量为 8.79%～16.46%，即紫外区富里酸类物质含量沿河呈下降趋势。

McKnight 等[24]研究指出，当 DOM 的荧光指数 $f_{450/500}$ 值为 1.40 左右时，表明 DOM 的荧光基团主要是由陆源产生；当 $f_{450/500}$ 的值为 1.90 左右时，说明 DOM 的荧光发射基团主要来自于水生生物。因河湖水体的 DOM 内源与水体生物活动密切相关，外源与污水排放相关，而白塔堡河沿程各采样点的荧光指数 $f_{450/500}$ 值范围为 1.91～2.32，且芳香蛋白类物质含量最多，说明 DOM 的内源污染占比较大。这可能与白塔堡河浮游植物的初级净生产力较大及微生物代谢作用较强有关。白塔堡河河水 DOM 总浓度呈现从源头到入河口先增后减的趋势，微生物活性大小依次为中游河段＞下游河段＞上游河段。

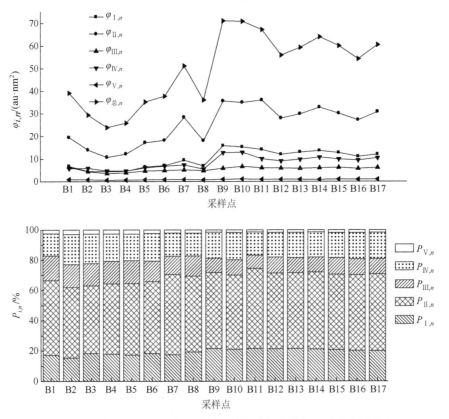

图 3.10　白塔堡河 DOM 各组分的区域积分标准体积及百分含量分布

3.2.3　DOM 荧光强度与水质的相关性

在主成分分析的基础上可进一步对各影响因子包含的污染物指标之间的关系进行分析。经过科尔莫戈罗夫-斯米尔诺夫（Kolmogorov-Smirnov，K-S）检验，可对数据进行相关性分析（表 3.1）。由表 3.1 可知 5 类区域积分体积之间的皮尔逊相关系数（r）为正数，呈显著正相关，说明 DOM 中类蛋白物质、微生物代谢产物、类富里酸物质与类腐殖质在来源上具有某种内在相关性。5 类区域积分体积与 COD、BOD_5 等也具有一定正相关性，且分布规律接近，说明其污染来源相近。DOM 的 5 类区域积分体积与 TOC 没有相关性，这可能与 DOM 中含有一些不能发射荧光的天然有机质或有机污染物质有关，也可能与温度、pH、气候等外界条件有关，需进一步研究证实。此外，5 类区域积分体积与 N、P 等营养盐呈较强的正相关性，说明 DOM 的组成及来源与 N、P 迁移转化关系密切。5 类区域积分体积与 DO 浓度之间的相关系数为负，除 BOD_5 外，其他污染指标与 DO 浓度之间相关系数也都为负，表明污染物浓度与 DO 浓度呈负相关性，这说明 DOM 浓度增加会提高好氧微生物数量和代谢速率，同时污染物浓度增加也会使 DO 含量降低。

表 3.1 白塔堡河 DOM 荧光强度与其他水质参数的相关性分析

r	$\Phi_{\mathrm{I},n}$	$\Phi_{\mathrm{II},n}$	$\Phi_{\mathrm{III},n}$	$\Phi_{\mathrm{IV},n}$	$\Phi_{\mathrm{V},n}$	EC	DO	COD	BOD_5	TN	NH_3-N	TP	TOC
$\Phi_{\mathrm{I},n}$	1.00	0.98**	0.84**	0.97**	0.83**	0.67**	−0.59*	0.76**	0.57*	0.62**	0.76**	0.90**	0.35
$\Phi_{\mathrm{II},n}$		1.00	0.86**	0.94**	0.85**	0.64**	−0.54*	0.76**	0.49	0.58*	0.73**	0.88**	0.27
$\Phi_{\mathrm{III},n}$			1.00	0.83**	0.95**	0.52**	−0.48	0.55**	0.30	0.50**	0.75**	0.71**	0.23
$\Phi_{\mathrm{IV},n}$				1.00	0.88**	0.67**	−0.61**	0.68**	0.52*	0.70**	0.76**	0.89**	0.38
$\Phi_{\mathrm{V},n}$					1.00	0.52*	−0.45	0.54*	0.37	0.57*	0.69**	0.73**	0.27
EC						1.00	−0.81**	0.11	0.23	0.86**	0.90**	0.84**	0.02
DO							1.00	−0.11	0.13	−0.82**	−0.85**	−0.70**	−0.04
COD								1.00	0.61**	0.18	0.25	0.57*	0.02
BOD_5									1.00	0.13	0.13	0.44*	0.40
TN										1.00	0.84**	0.81**	0.60*
NH_3-N											1.00	0.86**	−0.002
TP												1.00	0.13
TOC													1.00

注：*显著性水平 0.05，**显著性水平 0.01，r 为皮尔逊相关系数

3.2.4 有机物组分季节变化特征

对白塔堡河干流 17 个采样点位 11 次采集的水样进行三维荧光光谱扫描，将得到的所有扫描图谱按平水期、枯水期、春汛期、丰水期分为 4 组，分别进行数值平均化处理，采用三维荧光光谱体积积分法对有机物中 5 种组分进行定性和定量分析，对 4 个时期水体中不同有机物的组分变化及可能来源进行分析。

1. 平水期

图 3.11 为平水期各有机组分积分体积沿程变化。由图 3.11 可知，平水期的水体 DOM 中，芳香蛋白类物质 II 积分体积最高，而芳香蛋白类物质 I、富里酸类物质和溶解性微生物代谢产物三种物质的积分体积比较接近，均低于芳香蛋白类物质 II 的积分体积，积分体积最少的是腐殖酸类物质。在 DOM 所包含的五类物质中，除腐殖酸类物质外，积分体积均呈现上游至下游逐渐升高的变化趋势，其中，芳香

蛋白类物质Ⅱ升高速度最快，下游的相对积分体积约为上游相对积分体积的 2 倍，说明白塔堡中下游地区受人类活动干扰急剧增加。

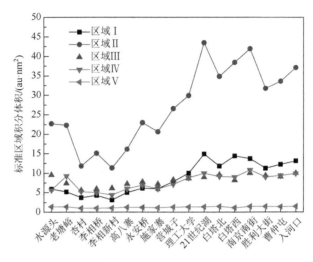

图3.11　平水期各有机组分积分体积沿程变化

　　图3.12 为平水期各有机组分占比沿程变化。由图 3.12 可知，白塔堡河水中有机物以芳香蛋白类物质为主。芳香蛋白类物质在 17 个点位的平均含量为 60%～70%，且在 DOM 组分中所占比例呈现自上游向下游逐渐增高的趋势。由于腐殖酸类物质在白塔堡河各采样点位的含量均较少，其自上游向下游仍略有降低，说明平水期白塔堡河水中 DOM 的腐殖化程度较低。

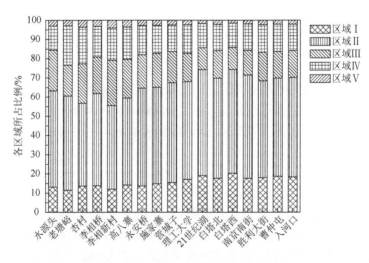

图3.12　平水期各有机组分占比沿程变化

2. 枯水期

图 3.13 为枯水期各有机组分沿程变化。由图 3.13 可知，在枯水期白塔堡河水 DOM 的五种组分中，芳香蛋白类物质Ⅱ含量最高，其次是芳香蛋白类物质Ⅰ，然后是溶解性微生物代谢产物，再次是富里酸类物质，含量最少的是腐殖酸类物质。芳香蛋白类物质Ⅱ、芳香蛋白类物质Ⅰ和溶解性微生物代谢产物这三种组分基本呈现中游地区略高于上下游的特征，这三类物质是生活污水中有机物的标志性组分物质。富里酸类物质和腐殖酸类物质自河流上游向下游的相对含量没有明显的变化。这是因为冬季枯水期是低温冰封期，河水径流量中天然水源含量很低，生活污水等外来水源是河水的主要补给来源。由于白塔堡河上游为农村地区，人口较少，向河流排放的生活污水比较少，人为带来的有机物组分也较少；下游地区属于城市段，进入河流的污水主要是城市生活污水处理厂排放的尾水，这部分污水基本能够达标，所含有的芳香蛋白类有机物含量也不高；中游是城乡接合部位置，人口比较密集，生活污水和乡镇企业排放的大量工业废水的综合处理率较低，也很难达标排放，因此白塔堡河中所含有机物质组分会呈现上述分布特点。

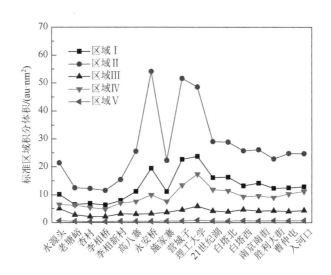

图 3.13 枯水期各有机组分沿程变化

图 3.14 为枯水期各有机组分占比沿程变化。由图 3.14 可知，白塔堡河枯水期水中 DOM 的主要成分仍然是芳香蛋白类物质，两类芳香蛋白类物质在各采样点位中所占比例大多数在 70%以上。有机物各组分所占比例自河流上游向下游变化不大。五种有机物质组分中，腐殖酸类物质含量最低，在各个点位所占比例一般不足 2%。

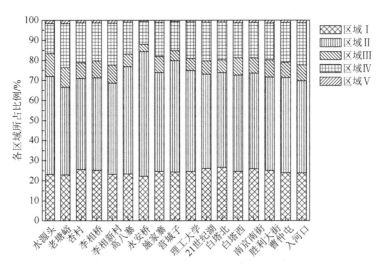

图 3.14 枯水期各有机组分占比沿程变化

3. 春汛期

图 3.15 为春汛期各有机组分沿程变化。如图 3.15 所示，春汛期白塔堡河水中有机物含量最高的是芳香蛋白类物质Ⅱ，其次是芳香蛋白类物质Ⅰ和溶解性微生物代谢产物，这两种有机物质组分含量相近，再次是富里酸类物质，含量最少的是腐殖酸类物质。芳香蛋白类物质Ⅱ、芳香蛋白类物质Ⅰ和溶解性微生物代谢产物三种组分的含量呈现沿河流自上游向下游逐渐升高的变化趋势，三种物质都是从营城子点位开始向下游迅速升高的，说明从该点位开始河流水质受人类活动的影响程度明显增强。

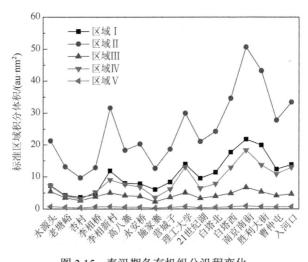

图 3.15 春汛期各有机组分沿程变化

图 3.16 为春汛期各有机组分占比沿程变化。如图 3.16 所示，春汛期白塔堡河水中有机物组分以芳香蛋白类物质为主，两种芳香蛋白类物质的总含量在各采样点位都达到了 70% 左右。这一比例自河流上游向下游没有明显变化。五种有机物质组分中，腐殖酸类物质含量很低，所占比例一般不足 2%，且沿河流自上游向下游呈现略有降低的变化趋势。

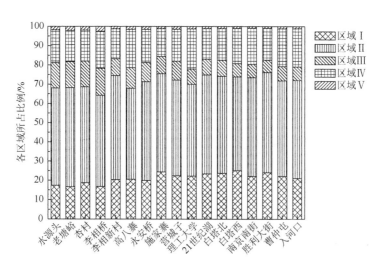

图 3.16　春汛期各有机组分占比沿程变化

4. 丰水期

图 3.17 为丰水期各有机组分沿程变化。如图 3.17 所示，丰水期白塔堡河水中有机物质的五种组分中，芳香蛋白类物质 II 含量最高，其次是芳香蛋白类物质 I、富里酸类物质和溶解性微生物代谢产物，这三种组分含量比较接近，含量最少的仍然是腐殖酸类物质。除腐殖酸类物质外，其余四种组分的含量均呈现沿河流自上游向下游先升高再降低的变化趋势。从水源头到施家寨的上游农村河段，这四种有机物质的含量略有升高；从施家寨到理工大学的中游城乡接合部河段，四类有机物质的含量明显升高；从 21 世纪湖到入河口的下游城市河段，这四种有机物质的含量又有所下降。这是因为中游城乡接合部河段汇入大量未经处理的生活污水，大量的大分子蛋白类物质进入水体，造成这些有机物组分含量迅速增加；而下游城市段河流接纳的生活污水达标率较高，生活污水中所含有的芳香蛋白类物质有很大一部分已经被污水处理厂的微生物降解为小分子物质，所以城市段这些有机物质组分的含量明显低于中游城乡接合部河段。

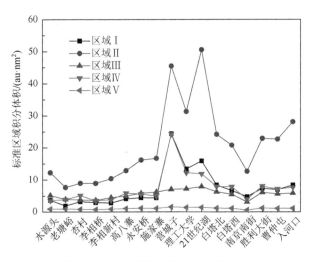

图 3.17　丰水期各有机组分沿程变化

　　图 3.18 为丰水期各有机组分占比沿程变化。由图 3.18 可知，在丰水期白塔堡河水中 DOM 五类组分中，两类芳香蛋白类物质是主要成分，各采样点位的这两类芳香蛋白类物质的总量占全部有机物质组分总含量的比例为 50%～70%，并且呈现自河流上游向下游逐渐升高的趋势。五种有机物质组分中，腐殖酸类物质含量很低，在各个点位中所占的比例一般低于 10%，且沿河流呈现略有降低的变化趋势。

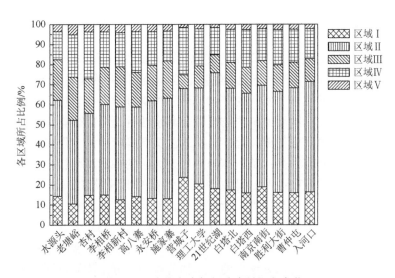

图 3.18　丰水期各有机组分含量沿程变化

3.2.5　DOM 在不同时期的分布特征

1. 区域Ⅰ：芳香蛋白类物质Ⅰ

如图 3.19 所示，白塔堡河有机物中芳香蛋白类物质Ⅰ在平水期、枯水期、春汛期和丰水期四个时期的沿程分布特点相似，均呈现沿河流自上而下波动升高的趋势。芳香蛋白类物质Ⅰ的含量在枯水期略高于其他三个时期，丰水期这一含量略低于其他三个时期。这是因为枯水期河流径流中天然补给很少，大部分水源来自于人类活动向河流排放的生活污水和工业废水等，而丰水期这一类水源在河流总流量中所占的比例有所下降，因此芳香蛋白类物质Ⅰ在枯水期含量最高，在丰水期含量最低。

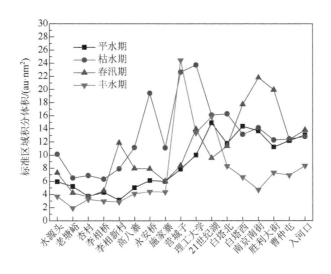

图 3.19　不同时期芳香蛋白类物质Ⅰ沿程变化

2. 区域Ⅱ：芳香蛋白类物质Ⅱ

如图 3.20 所示，在白塔堡河全年的四个时期中，芳香蛋白类物质Ⅱ的含量分布特点差别不大，均呈现沿河流自上游向下游波动升高的变化趋势，只有丰水期的含量略低于其他三个时期。芳香蛋白类物质Ⅱ与芳香蛋白类物质Ⅰ属于同一类有机物质组分，所以两者的分布特点和形成原因相似。

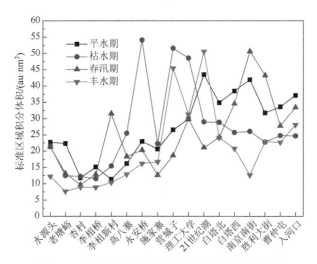

图 3.20　不同时期芳香蛋白类物质 II 沿程变化

3. 区域Ⅲ：富里酸类物质

如图 3.21 所示，在全年的四个时期中，白塔堡河水中富里酸类物质含量最高的是平水期，其他三个时期的分布特点并没有太大区别，只是丰水期略高。富里酸类物质在四个时期中均呈现沿河流自上游向下游略有升高的变化趋势。富里酸类物质是水中天然有机物的重要组分之一，其分布特点主要受河流水量影响。

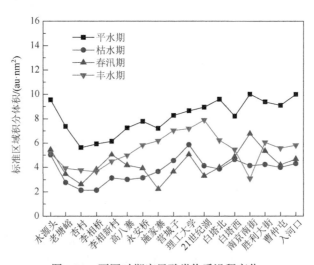

图 3.21　不同时期富里酸类物质沿程变化

4. 区域Ⅳ：溶解性微生物代谢产物类物质

如图 3.22 所示，在全年的四个时期中，白塔堡河水中的溶解性微生物代谢产物类物质均呈现沿河流自上游向下游逐渐升高的变化趋势，但是四个时期之间的分布特点并无太大区别。水中微生物的活性受温度影响很大，在高温期微生物活性高，水中会产生较多的溶解性微生物代谢产物类物质，但是由于河流较大流量的稀释作用，这一物质在水中的相对含量并没有明显增高；类似的，微生物活性在低温期受阻，较少的溶解性微生物代谢产物类物质在较小的河流水量中也并未造成这一相对含量有比较明显的降低。

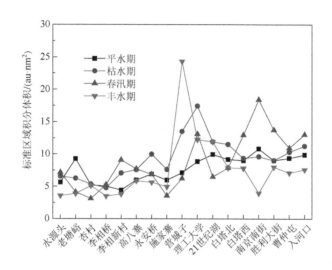

图 3.22　不同时期溶解性微生物代谢产物类物质沿程变化

5. 区域Ⅴ：腐殖酸类物质

如图 3.23 所示，在全年的四个时期中，腐殖酸类物质的含量在平水期最高，其次是丰水期，再次是春汛期和枯水期，后两者差别不大。白塔堡河水中腐殖酸类物质的含量在四个时期均呈现沿河流自上游向下游逐渐升高的变化趋势。腐殖酸类物质是水体中天然有机物质的重要组分之一，其含量越高说明水体水质受人类活动的影响越小，受自然因素的影响越大。平水期和丰水期的河流水量较大，天然水源补给在河流总水量中所占比例较大，较高的气温和水温条件使微生物活性升高，水中有机污染物被微生物分解的比例也较高，有机物质的腐殖化程度较高，这一系列因素都造成白塔堡河水中腐殖酸类物质的含量在平水期和丰水期高于枯水期和春汛期。

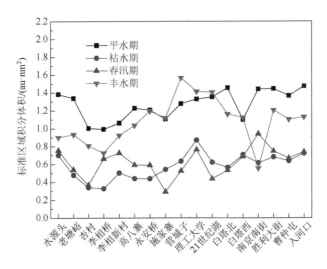

图 3.23　不同时期腐殖酸类物质沿程变化

3.2.6　DOM 在不同时期所占比例

1. 区域 I：芳香蛋白类物质 I

如图 3.24 所示，白塔堡河水中芳香蛋白类物质 I 在五类有机物质组分中所占比例最高的时期是枯水期，占比为 22%～27%；其次是春汛期，占比为 16%～25%；在平水期和丰水期这一比例较低。这是因为枯水期和春汛期是低温期，微生物活

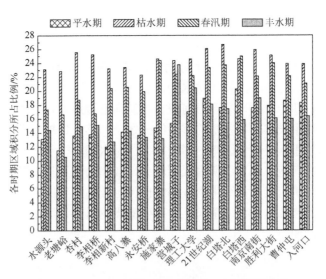

图 3.24　不同时期芳香蛋白类物质 I 含量沿程变化

性降低，污染物从农田土壤等周边环境向河流的迁移作用受阻，造成芳香蛋白类物质Ⅰ在五类有机物质组分中所占比例升高。

2. 区域Ⅱ：芳香蛋白类物质Ⅱ

如图 3.25 所示，在河流全年的四个时期中，白塔堡河水中芳香蛋白类物质Ⅱ在五类有机物质组分中所占比例没有明显区别，沿河流自上游向下游也没有明显的变化趋势，均维持在 50%左右的水平。

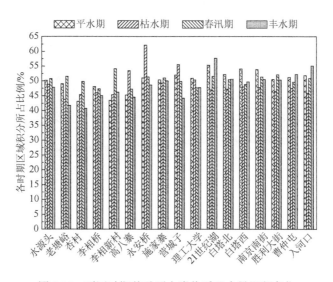

图 3.25　不同时期芳香蛋白类物质Ⅱ含量沿程变化

3. 区域Ⅲ：富里酸类物质

如图 3.26 所示，白塔堡河水中富里酸类物质在五类有机物质组分中所占比例较高的时期是平水期和丰水期，而在枯水期和春汛期所占比例较低，仅略高于平水期和丰水期的一半。作为天然有机物质重要组分之一，富里酸类物质的分布规律说明河流中有机物质组分在平水期和丰水期主要受自然因素影响，农田面源污染是这一时期有机污染物最重要的污染源。

4. 区域Ⅳ：溶解性微生物代谢产物类物质

如图 3.27 所示，在河流全年的四个时期中，白塔堡河水中溶解性微生物代谢产物类物质在五类有机物质组分中所占比例没有明显区别；只有在河流下游城市段，枯水期和春汛期的这一比例明显高于平水期和丰水期。这是因为枯水期和春汛期是低温期，河流水源中天然补给很少。在下游城市段，白塔堡河接纳了大量的生活污水处理厂的尾水，这部分水源中有较高含量的溶解性微生物代谢产物类物质，所以造成下游城市段这一物质在五类有机物质组分中所占比例明显高于其他时期。

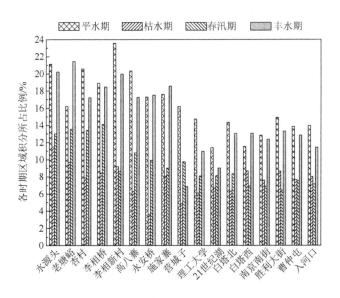

图 3.26　不同时期富里酸类物质含量沿程变化

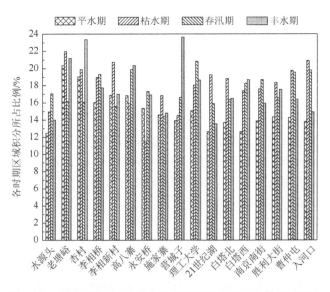

图 3.27　不同时期溶解性微生物代谢产物类物质含量沿程变化

5. 区域 V：腐殖酸类物质

如图 3.28 所示，白塔堡河水中腐殖酸类物质在五类有机物质组分中所占比例较高的时期是平水期和丰水期，枯水期和春汛期仅相当于平水期和丰水期的一半左右。腐殖酸类物质在水体有机物组分中所占的比例可以反映河流水质受自然因素的影响程度，比例越大说明河流水质受自然因素的影响越大。平水期和丰水期是河流全年径流量较大的时期，也是天然降水补给在河水流量中所占比例较大的时期，所以造成丰水期和平水期河水中腐殖酸类物质所占比例明显高于春汛期和枯水期。

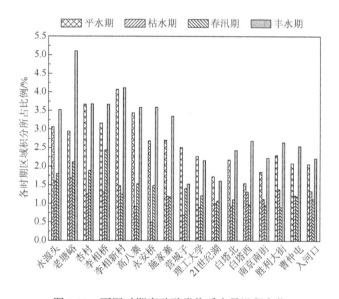

图 3.28　不同时期腐殖酸类物质含量沿程变化

3.3　基于相似性聚类的水质时空分布特征

3.3.1　水质空间相似性聚类分析

1. 干流水质空间相似性聚类分析

以白塔堡河干流 17 个采样点 15 项水质指标全年 11 次水质监测数据为研究对象，应用 SPSS16.0 软件进行相似性聚类分析，结果如图 3.29 所示。将白塔堡河干流的 17 个采样点按水质特点分为两个大组，第一大组为 B11～B13 采样点，位于公园湖泊和湿地区域，对应河流的生态缓冲段，水面宽阔、水深较浅、流速缓慢，有利于水体自然复氧和自净作用，河流水质在此区域得到改善。第二大组为其余采样点，对应河流的非生态缓冲段，沿程受到人类活动的干扰，接纳各种污染物，不具备良好的生态缓冲条件，第二大组又可以进一步细分为两个小组。第一小组为 B3、B5～B10 采样点，对应人类活动粗放干扰段。B3采样点处村庄离河道非常近，大量生活污水和垃圾直接排入河道；B5～B10 采样点位于河流中游人口密集的村镇地区和城乡接合部，配套生活污水处理设施不够完善，大量未经处理的生活污水和乡镇小企业排放的工业废水直接排入河道，此外，农村生活垃圾等固体废弃物丢弃在河道内或河道附近，这些都大大增加了河流水体中污染物总量。第二小组为 B1、B2、B4、B14～B17 采样点，对应人类活动有序干扰段，其中，B1、B2、B4 位于源头区，沿河两岸的村屯人口较少，排放的生活污水和废弃物较少；B14～B17 采样点位于河流下游的城市段，排入河道的污水有较高的处理率，基本不存在废弃物在河道内或者河道附近随意丢弃的现象。

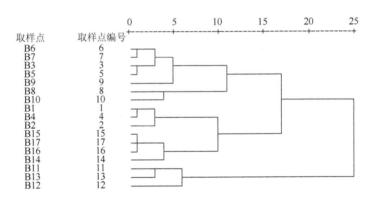

图 3.29　白塔堡河干流层次聚类分析

2. 支流河水质空间相似性聚类分析

以白塔堡 15 条支流的 15 项水质指标全年 11 次水质监测数据为研究对象，应用 SPSS16.0 软件进行相似性聚类分析，结果如图 3.30 所示。Z8 和 Z14采样点水质较为特殊，分别自成一类。Z8 采样点水源基本上来自于李相新城小区未经处理的生活污水。Z14 采样点位于季节性支流，无自然降水时水量较小，主要是张沙布村排放的未经处理生活污水，另外该河道内有村民丢弃的大量生活垃圾等固体废弃物，在降水来临时，大量污染物在水流的冲刷下顺流而下，造成水质恶化。其余支流可以分为两组，第一组为 Z1～Z3、Z7、Z9、Z10、Z13 采样点，对应支流河的特点为水源主要是自然降水形成的地表径流，污染源主要是农田面源和少量农村生活污水，支流河水质较好。第二组为 Z4～Z6、

Z11、Z12、Z15 采样点，大量生活污水或乡镇小企业排放的工业废水排入水体，支流河水质稍差。Z4 采样点美兰湖是景观湖与渔业养殖相结合的湖泊水体，湖水根据水位高低间歇性排入白塔堡河，主要污染物来自于淡水养殖残余饲料、药物等。Z5 采样点李相南支流是季节性支流，平时无明显径流，有降水时瞬时流量较大，主要污染源是沿途农业面源、农村分散生活点源及河道内丢弃的固体废弃物在水流冲刷下带来的污染物。Z6 采样点王士兰支流接纳了附近大型养猪场的大量废水，主要污染源是畜禽养殖废水。Z11 采样点保合村支流和 Z12 采样点施家寨支流流程较长，沿程有大量村屯和耕地，主要污染物来自于农业面源和农村生活污水。Z15 采样点上深河支流全长约 15km，上游农村区污染源主要是农业面源和农村生活污水，中游城乡接合部污染源主要是城镇生活污水和乡镇小企业排放的工业废水，下游城市段污染源主要是污水处理厂尾水。

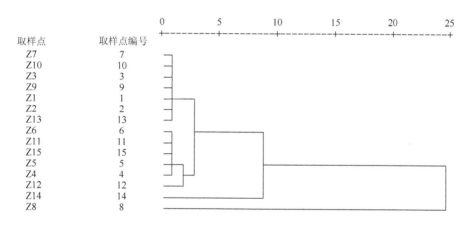

图 3.30　白塔堡河支流层次聚类分析

3.3.2　水质时间相似性聚类分析

在时间尺度上，可以根据水质特点将白塔堡河全年 11 次水质监测时间分为两大组，如图 3.31 所示。第一大组的采样时间是 2 月 27 日、3 月 16 日、3 月 28 日、12 月 29 日，对应低温期，其中，12 月 29 日是冰封枯水期，其余三次是春汛期。其余的 7 次采样为第二大组，对应非低温期，进一步可以将第二大组再分为两个组。第一组为 9 月 10 日、10 月 11 日、11 月 8 日、4 月 23 日和 5 月 30 日，对应河流的平水期，其中，9～11 月为夏季丰水期向冬季冰封枯水期过渡的平水期，4～5 月为春汛期向夏季丰水期过渡的平水期；第二组为 7 月 6 日和 8 月 27 日，对应河流夏季丰水期。

根据上述分析，可以按河流水质和水量特点将全年划分为低温期（12～次年3月）、平水期（4～5月、9～11月）和丰水期（6～8月）三个时期，而以往认为有较大差别的冬季冰封枯水期和春汛期，水质特点相似，在进行水质评价时没有必要按两个时期考虑，可以将其划分为低温期一个时期。这说明以往按照一年四个季节或者丰水期、平水期、枯水期、春汛期的直观划分方法进行水质监测与评价会带来一定的偏差。这一结果可以作为东北地区河流水质评价与监测的优化依据，建议适当降低监测采样的频率，降低监测成本。

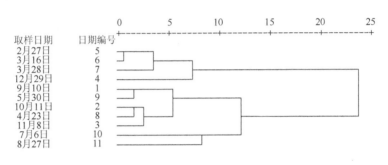

图 3.31　白塔堡水质的时间层次聚类分析

3.4　主成分分析法研究水质特点

3.4.1　干流水质主成分分析

根据干流水质空间相似性聚类分析的结果，白塔堡河干流按照水质特点可以分为生态缓冲段、人类活动粗放干扰段、人类活动有序干扰段三部分。这三部分河段分别对应不同的水质特点和污染类型，对它们分别进行主成分分析可以解析各段的水质特点、污染特征和污染源类型。

应用 SPSS16.0 软件进行主成分分析。首先进行 KMO（Kaiser-Meyer-Olkin）检验和 Bartlett's 球形检验，检验主成分分析是否可以良好地降低原始数据的维度。在主成分分析过程中，根据特征值 1 的判断标准，只有在特征值大于 1 的时候，所对应的主成分才有意义。

1. 干流水质综合主成分分析

以白塔堡河干流 17 个采样点 15 项水质指标全年 11 次水质监测数据为研究对象进行主成分分析，图 3.32 为干流主成分碎石图。

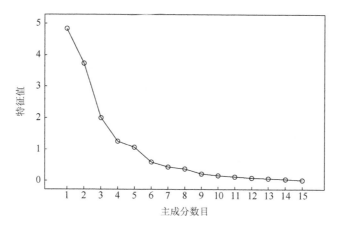

图 3.32　干流主成分碎石图

　　从表 3.2 中可以看出，前 5 个主成分所对应的累计方差贡献率为 86.072%，可以较好地反映原始数据的主要信息。其中，和主成分显著相关的指标是与主成分的相关系数绝对值大于 0.6 的指标。第一主成分的方差贡献率为 32.261%，显著相关指标有水温、DO、pH、ORP、NO_3-N、NO_2-N，可以代表无机污染，所对应的主要污染源是农业面源。第二主成分的方差贡献率为 24.920%，显著相关指标有 COD、BOD、NH_3-N、TP，可以代表有机污染和营养元素污染，所对应的污染源是生活污染和农业面源。第三主成分的方差贡献率为 13.418%，显著相关指标有水温、EC、细菌总数。第四主成分的方差贡献率为 8.431%，与 TN 显著负相关，与叶绿素 a 也有一定相关性。第五主成分的方差贡献率为 7.042%，显著相关指标有 TOC。

表 3.2　干流主成分分析

指标	1	2	3	4	5
水温	0.666	0.076	0.610	−0.262	0.163
DO	0.755	−0.401	0.305	0.164	−0.222
pH	0.895	−0.112	−0.281	−0.057	0.093
EC	−0.013	0.572	0.660	0.194	0.207
ORP	−0.905	0.109	0.260	0.063	−0.093
COD	0.122	0.878	−0.153	0.054	−0.151
BOD	0.379	0.718	−0.318	0.152	−0.213
TN	−0.170	0.478	−0.321	−0.603	0.392
NH_3-N	−0.061	0.931	0.039	−0.230	−0.041
NO_3-N	−0.849	0.430	0.015	0.059	−0.104

续表

指标	1	2	3	4	5
NO$_2$-N	0.835	0.205	0.321	−0.091	0.249
TP	0.568	0.656	−0.142	0.127	−0.014
叶绿素 a	−0.044	0.409	0.462	0.484	−0.043
TOC	−0.307	−0.057	−0.160	0.454	0.788
细菌总数	0.421	0.096	−0.612	0.462	0.025
特征值	4.839	3.738	2.013	1.265	1.056
方差贡献率/%	32.261	24.920	13.418	8.431	7.042
累计方差贡献率/%	32.261	57.181	70.599	79.030	86.072

2. 干流生态缓冲段水质主成分分析

以白塔堡河干流生态缓冲段 3 个采样点 15 项水质指标全年 11 次水质监测数据为研究对象进行主成分分析。图 3.33 为干流生态缓冲段主成分碎石图。

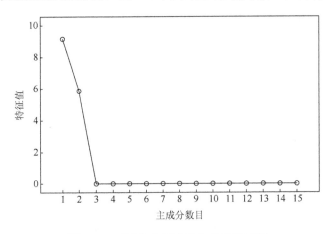

图 3.33　干流生态缓冲段主成分碎石图

从表 3.3 中可以看出，前两个主成分所对应的累计方差贡献率为 100.00%，可以很好地反映原始数据信息。其中，和主成分显著相关的指标是与主成分的相关系数绝对值大于 0.7 的指标。第一主成分的方差贡献率为 61.057%，显著相关指标有水温、DO、EC、BOD、TN、NO$_3$-N、NO$_2$-N、TP、叶绿素 a、TOC 和细菌总数。第二主成分的方差贡献率为 38.943%，显著相关指标有 pH、ORP、COD、NH$_3$-N、细菌总数。显然，第一主成分显著相关的水质指标包含了大部分有机和无机污染指标，所对应的主要污染源是生活污水和工业废水。

表 3.3　干流生态缓冲段主成分分析

指标	1	2
水温	0.940	0.341
DO	0.842	−0.540
pH	−0.321	0.947
EC	0.952	0.307
ORP	0.312	−0.950
COD	0.257	0.966
BOD	0.997	−0.081
TN	−0.996	0.091
NH$_3$-N	0.203	0.979
NO$_3$-N	0.977	−0.212
NO$_2$-N	−0.924	0.381
TP	−0.773	0.634
叶绿素 a	0.975	0.223
TOC	0.715	0.699
细菌总数	0.706	0.708
特征值	9.158	5.842
方差贡献率/%	61.057	38.943
累计方差贡献率/%	61.057	100.00

3. 干流人类活动粗放干扰段水质主成分分析

以白塔堡河干流人类活动粗放干扰段 7 个采样点 15 项水质指标全年 11 次水质监测数据为研究对象进行主成分分析。图 3.34 为干流人类活动粗放干扰段主成分碎石图。

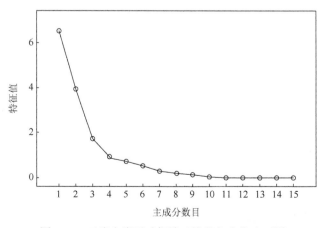

图 3.34　干流人类活动粗放干扰段主成分碎石图

从表 3.4 中可以看出，前 3 个主成分所对应的累计方差贡献率为 81.334%。其中，和主成分显著相关的指标是与主成分的相关系数绝对值大于 0.6 的指标。第一主成分的方差贡献率为 43.618%，显著相关指标有 DO、pH、ORP、COD、BOD、NO_3-N、NO_2-N、TP，可以代表有机污染和营养元素污染，所对应的主要污染源是生活源和工业源。第二主成分的方差贡献率为 26.213%，显著相关指标有水温、EC、TN、NH_3-N，可以代表营养元素污染，所对应的污染源是生活源。第三主成分的方差贡献率为 11.503%，显著相关指标有 TOC。

表 3.4　干流人类活动粗放干扰段主成分分析

指标	1	2	3
水温	0.416	−0.654	−0.339
DO	0.660	−0.586	−0.217
pH	0.839	0.281	−0.115
EC	0.441	−0.738	0.334
ORP	−0.848	−0.263	0.119
COD	0.700	0.521	−0.243
BOD	0.789	0.565	0.101
TN	−0.404	0.819	−0.043
NH_3-N	0.348	0.867	−0.209
NO_3-N	−0.854	0.441	−0.059
NO_2-N	0.924	−0.295	−0.003
TP	0.890	0.158	0.005
叶绿素 a	0.433	0.336	0.440
TOC	−0.039	0.041	0.949
细菌总数	0.598	0.185	0.460
特征值	6.543	3.932	1.725
方差贡献率/%	43.618	26.213	11.503
累计方差贡献率/%	43.618	69.831	81.334

4. 干流人类活动有序干扰段水质主成分分析

以白塔堡河干流人类活动有序干扰段 7 个采样点 15 项水质指标全年 11 次水质监测数据为研究对象进行主成分分析。图 3.35 为干流人类活动有序干扰段主成分碎石图。

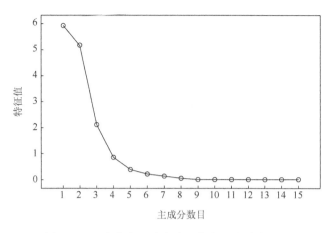

图 3.35　干流人类活动有序干扰段主成分碎石图

从表 3.5 中可以看出，前 3 个主成分所对应的累计方差贡献率为 88.196%，可以较好地反映原始数据信息。其中，和主成分显著相关的指标是与主成分的相关系数绝对值大于 0.6 的指标。第一主成分的方差贡献率为 39.554%，显著相关指标有 DO、pH、EC、ORP、COD、BOD、TN、NH_3-N、NO_3-N、TP，可以代表有机污染和营养元素污染，所对应的主要污染源是生活源和农业面源。第二主成分的方差贡献率为 34.496%，显著相关指标有水温、pH、ORP、NO_3-N、NO_2-N、TP，可以代表无机污染，所对应的污染源是生活污染。第三主成分的方差贡献率为 14.146%，显著相关指标有叶绿素 a、细菌总数。

表 3.5　干流人类活动有序干扰段主成分分析

指标	1	2	3
水温	−0.093	0.966	0.026
DO	−0.787	0.486	0.268
pH	−0.648	0.737	−0.125
EC	0.898	0.403	−0.010
ORP	0.633	−0.752	0.113
COD	0.908	0.172	0.050
BOD	0.619	0.574	0.348
TN	0.667	0.414	−0.401
NH_3-N	0.873	0.384	0.000
NO_3-N	0.683	−0.665	0.104
NO_2-N	−0.013	0.927	0.018
TP	0.741	0.654	−0.020
叶绿素 a	0.386	−0.064	0.858
TOC	0.190	−0.532	−0.508

续表

指标	1	2	3
细菌总数	−0.252	−0.196	0.855
特征值	5.933	5.174	2.122
方差贡献率/%	39.554	34.496	14.146
累计方差贡献率/%	39.554	74.050	88.196

3.4.2　支流水质主成分分析

以白塔堡河支流 15 个采样点 15 个水质指标全年 11 次水质监测数据为研究对象进行主成分分析。图 3.36 为支流河水质主成分碎石图。

从表 3.6 中可以看出,前 3 个主成分所对应的累计方差贡献率为 75.904%,可以良好地反映原始数据信息。其中,和主成分显著相关的指标是与主成分的相关系数绝对值大于 0.6 的指标。第一主成分的方差贡献率为 38.296%,显著相关指标有 EC、COD、BOD、TN、$NH_3\text{-}N$、$NO_2\text{-}N$、TP、TOC,可以代表有机污染和营养元素污染,所对应的主要污染源是生活源和农业面源。第二主成分的方差贡献率为 26.360%,与 DO、pH 呈显著负相关,与 ORP、TN、细菌总数呈显著正相关,可以代表无机污染。第三主成分的方差贡献率为 11.248%。

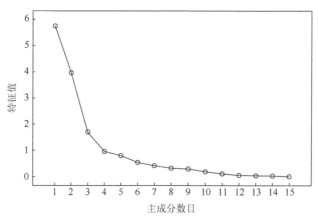

图 3.36　支流河水质主成分碎石图

表 3.6　支流河水质主成分分析

指标	1	2	3
水温	0.457	−0.398	0.579
DO	0.173	−0.743	0.113

续表

指标	1	2	3
pH	0.368	−0.707	−0.544
EC	0.759	−0.215	0.343
ORP	−0.418	0.677	0.544
COD	0.855	0.200	0.163
BOD	0.712	−0.446	−0.292
TN	0.703	0.611	−0.268
NH_3-N	0.711	0.541	−0.233
NO_3-N	−0.525	0.481	−0.402
NO_2-N	0.814	−0.466	0.079
TP	0.847	0.400	−0.024
叶绿素 a	0.482	0.320	−0.298
TOC	0.606	0.407	0.361
细菌总数	0.355	0.676	−0.073
特征值	5.744	3.954	1.687
方差贡献率/%	38.296	26.360	11.248
累计方差贡献率/%	38.296	64.656	75.904

3.4.3　水质主成分综合分析

以白塔堡河全部采样点的所有水质指标数据，即 37 个采样点 15 项水质指标全年 11 次水质监测数据作为研究对象进行主成分分析，可以很好地描述整个小流域的水质分布特征。图 3.37 为水质主成分综合分析碎石图。

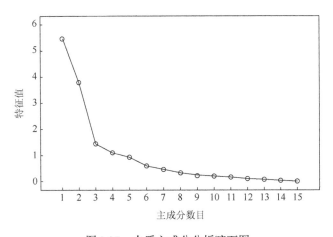

图 3.37　水质主成分分析碎石图

从表 3.7 中可以看出，前 4 个主成分所对应的累计方差贡献率为 79.044%，可以良好地反映原始数据主要信息。其中，和主成分显著相关的指标是与主成分的相关系数绝对值大于 0.6 的指标。第一主成分的方差贡献率为 36.585%，显著相关指标有 COD、BOD、TN、NH_3-N、NO_2-N、TP，可以代表有机污染和营养元素污染，所对应的主要污染源是生活源和农业面源。第二主成分的方差贡献率为 25.388%，显著负相关指标有 DO、pH，显著正相关的指标有 ORP。第三主成分的方差贡献率为 9.637%，显著相关指标有 EC。第四主成分的方差贡献率为 7.434%。

表 3.7　水质主成分综合分析

指标	1	2	3	4
水温	0.447	−0.468	0.556	−0.164
DO	0.196	−0.771	0.094	−0.308
pH	0.460	−0.709	−0.472	0.098
EC	0.528	−0.021	0.653	0.327
ORP	−0.502	0.686	0.468	−0.071
COD	0.829	0.258	0.114	0.002
BOD	0.702	−0.285	−0.149	0.505
TN	0.697	0.580	−0.228	0.044
NH_3-N	0.724	0.534	−0.153	0.021
NO_3-N	−0.500	0.574	−0.017	0.518
NO_2-N	0.796	−0.466	0.204	0.073
TP	0.870	0.331	−0.064	−0.114
叶绿素 a	0.473	0.306	−0.046	0.189
TOC	0.522	0.427	0.228	−0.185
细菌总数	0.423	0.566	−0.220	−0.507
特征值	5.488	3.808	1.446	1.115
方差贡献率/%	36.585	25.388	9.637	7.434
累计方差贡献率/%	36.585	61.973	71.610	79.044

3.5　污染分级及溯源分析

3.5.1　污染状况评估

选取白塔堡河的 TN、TP、NH_3-N、COD 和 BOD_5 五项水质指标进行内梅罗指数计算。由图 3.38 可知白塔堡河水质沿河分布变化特征较为显著。根据内梅罗指数（I_p）

的计算结果，白塔堡河的污染程度可以分为两部分。根据水质的综合评价结果，第一部分为 B01～B08（I_p＜2），水质为轻度污染，第二部分为 B09～B17（2＜I_p＜5），水质为中度污染。整体来说，下游水质状况较上游更差，污染程度更重。

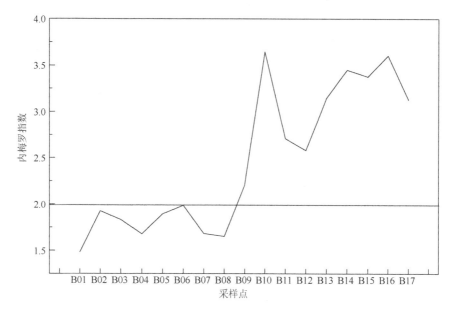

图 3.38　白塔堡河水质指标的内梅罗指数

结合白塔堡河各水质指标的空间异质性分析、主成分分析及内梅罗指数，按水质污染程度，白塔堡河可以分为两部分：轻度污染区和中度污染区。轻度污染区位于河流上游及部分中游河段，对应农村段及城乡接合区（B01～B08）。农村支流水系周边分散有大量的村落、企事业单位和农田，降水形成的径流经明渠或支流河进入白塔堡河过程中会携带大量的畜禽粪污、农业化肥、农业秸秆。因此，轻度污染区的污染物来源主要为农业面源污染，以及部分分散点源污染。基于河流良好的自净能力及较好的周边环境，污染物可以在一定程度上得到降解，水质污染程度不高，各项水质指标值相对较低。中度污染区，位于城市段（对应取样点 B09～B17），水质指标值较高，在这部分区域由人类活动直接产生的市政污水及工业污水排放是主要污染源。

3.5.2　支流 N、P 元素汇入总量分析

1. 各支流 N 元素汇入贡献分析

根据白塔堡河 15 条支流河全年的水质水量监测数据，对白塔堡河全年 N

元素汇入总量进行核算，结果如图 3.39 所示。在 15 条支流河中，N 元素的全年汇入总量最多的支流河是 15 号上深河支流，达到了 63.22t。该支流河的 N 元素主要来源是城乡接合部生活污水及沿途的乡镇小企业的部分工业废水。其次是 8 号支流，总量为 27.12t，主要 N 元素来源是李相新城小区未经处理的生活污水。

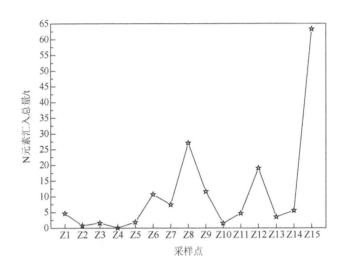

图 3.39　各支流河 N 元素全年汇入总量

　　各支流对白塔堡河 N 元素全年汇入的贡献率见图 3.40。N 元素汇入量排前三位的分别为 15 号、8 号和 12 号支流，其贡献率分别为 38.65%、16.58% 和 11.63%。三条支流对白塔堡河 N 元素汇入贡献占 66.86%。

　　根据白塔堡河水质空间相似性聚类分析的结果，可以将全年分为秋季平水期、枯水期、春汛期、春末平水期和丰水期五个时期。对各时期支流的 N 元素汇入贡献进行计算，结果如图 3.41 所示。支流 N 元素汇入最多的时期是春汛期，总量达到了 51.58t，这一时期的 N 元素主要来源可能是农田面源；其次是秋季平水期，支流河的 N 元素汇入量达到 39.39t，这一时期 N 元素主要来源是生活污水和农业面源；排第三位的是丰水期，支流 N 汇入量达到 38.94t，N 元素的主要来源是生活污水和农业面源。对白塔堡河 15 条支流 N 元素汇入总量贡献最小的是枯水期，这一时期的 N 元素汇入总量仅为 11.78t。这是由于低温期河流封冻，N 从农田土壤和生活污染等向河流的迁移过程受阻，N 在这一时期向河流的汇入总量明显减少。

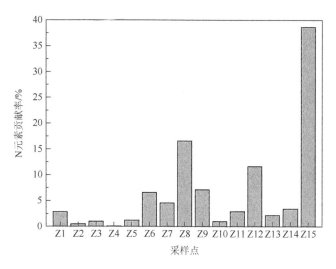

图 3.40 各支流河 N 元素全年汇入总量的贡献率

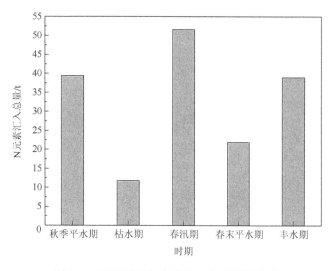

图 3.41 不同时期的支流河 N 元素汇入总量

　　根据 15 条支流的 N 元素全年汇入总量可以换算出五个时期对白塔堡河支流 N 元素全年汇入总量的贡献率，其结果如图 3.42 所示。排在前三位的时期分别是春汛期、秋季平水期和丰水期，各自对支流河 N 元素全年汇入总量的贡献率为 31.53%、24.08% 和 23.8%，这三个时期占全年时间总长的比例大于 50%，但是对支流河 N 元素全年汇入总量的贡献率达到了 79.41%。而枯水期占到了全年时长的约 25%，但是其支流 N 的汇入量仅占汇入总量的 7.2%。

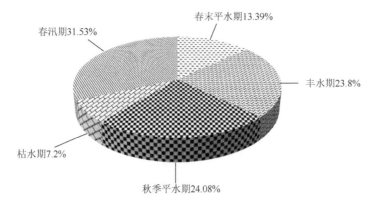

图 3.42 不同时期的支流河 N 元素汇入总量贡献率

2. 支流河 P 元素汇入总量分析

根据白塔堡河 15 条支流全年的水质水量监测数据，对各支流全年的 P 元素汇入量进行核算，结果如图 3.43 所示。在 15 条支流河中，P 元素全年汇入量最多的是 15 号上深河支流，达到了 4374.53kg，该支流的 P 污染主要来自城乡接合部营城子地区生活污水；其次是 8 号支流，P 元素汇入量为 2650.13kg，主要 P 元素来源是李相新城小区未经处理的生活污水。

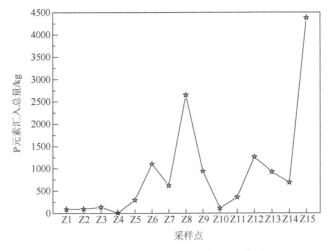

图 3.43 各支流河 P 元素全年汇入总量

各支流对 P 全年汇入量的贡献率见图 3.44。P 污染贡献最大的两条河流为 15 号和 8 号支流，其贡献率分别为 32.01% 和 19.39%，是白塔堡河支流 P 污染的主要来源。

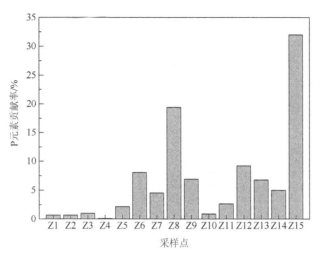

图 3.44　各支流河 P 元素全年汇入总量的贡献率

不同时期支流 P 汇入总量结果如图 3.45 所示。由图 3.45 可知 P 汇入量最大的是春汛期，达到了 4214.68kg，这一时期 P 主要来源于农田面源；其次为丰水期，支流 P 的汇入量达到 3425.17kg，这一时期 P 污染主要来源于生活污水和农业面源；与 N 污染结果一致，P 污染汇入总量最小的是枯水期，仅为1392.7kg。

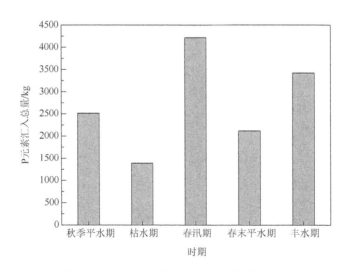

图 3.45　不同时期的支流河 P 元素汇入总量

五个时期对白塔堡河 P 污染的贡献率计算结果如图 3.46 所示。污染贡献最大的分别是春汛期和丰水期，其贡献率达 30.84% 和 25.07%，占全年汇入总量的

55.91%。与 N 污染分布特点类似，枯水期 P 的汇入量仅占总量的 10.19%，在五个时期中最小。

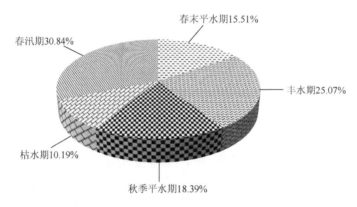

图 3.46　不同时期的支流河 P 元素汇入总量贡献率

第4章 湿地/滞留塘生态净化技术

白塔堡河水体污染不仅改变了原有的水生态系统，还严重威胁着人类的健康生活。本章以国内外城市河流修复研究的新理论、新方法为指导原则，在明确白塔堡河水环境水质、水量、污染源特点及规律的基础上，针对白塔堡河口控制断面水质改善需求，开展了不同河流型湿地和滞留塘的运行效果对比研究，以期得出提升白塔堡河河口水质、恢复污染河道的水生态湿地类型，为地方环境管理部门在浑河流域水污染防治与水质管理方面提供决策支持。

4.1 工 艺 选 择

4.1.1 工艺类型选择

本节针对白塔堡河河口地区生态系统退化，生物多样性单一，N、P污染严重，污水来源面广等问题，开展河流湿地生态恢复技术研究。结合白塔堡河水环境特点，试验中着重对比选取潜流湿地、潮汐流湿地、虹吸湿地和循环流湿地等几种新型湿地，并结合白塔堡河水质特点对各种湿地进行工艺设计和优化，以期选出能够最大限度发挥生态服务功能的工艺，为下一步现场模拟验证工程提供理论数据支撑。

自主研发的虹吸湿地不需要专门的动力设施即可实现湿地内液面动态变化，提高湿地富氧能力，进而提高污染物的去除效果[25]；自主研发的循环流湿地也是一种新型人工湿地，它通过实现水体在不同类型湿地单元内的循环流动，提升对N和有机物的持续高效去除[26]。此外，考虑到白塔堡河属于典型的闸控型河道，研究中也专门探讨了滞留塘技术，研究中通过沿河道布设各类水处理强化工艺和设施，提升滞留塘内重力沉降、水生植物吸收，以及菌藻共生对水质的净化作用[27]。整个研究以改良的水平潜流式湿地作为效果对比。

4.1.2 试验装置设计

构筑湿地与滞留塘系统主要由水体、基质、植物、微生物四大要素组成，其中，基质、植物和微生物是影响湿地净化作用发挥的主要因素。基质是湿地中生物的重要载体，一般功能性填料对N和P去除效果较好。本试验着重探讨湿地构型对受污染河水治理的效果，因而基质全部采用统一的沸石、陶粒，植物则选取耐污能力强、根系较为发达的蒲菜。

4.1.3　工艺运行条件

试验模拟装置主要包括蓄水、水量控制、生态处理装置等，蓄水和构筑湿地装置通过水管连接，如图 4.1 所示。试验过程中，湿地和滞留的设计水力停留时间分别为 10h 和 7d，进水为白塔堡河受污染河水[28, 29]。

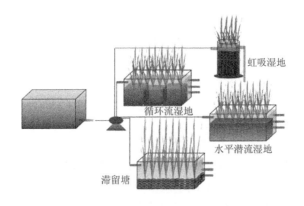

图 4.1　试验工艺示意图

4.2　净化能力分析

4.2.1　COD 去除效果分析

图 4.2 为不同工艺对 COD 去除效果与进出水浓度箱线图。随着进水水质、环境条件和运行条件的变化，不同工艺对 COD 的去除效果有较大差异。根据 5～10 月的运行效果，当进水 COD 为 65.51mg/L 时，虹吸湿地、循环流湿地、水平潜流湿地及滞留塘出水 COD 的平均浓度分别为 39.97mg/L、41.01mg/L、21.56mg/L、26.18mg/L，其 COD 去除率分别为 38.99%、37.40%、67.09% 和 60.04%。由结果可知，各工艺出水 COD 都可达到地表水环境质量标准中的 V 类水标准，其中，水平潜流湿地与滞留塘系统对 COD 的去除效果较好，COD 去除率达 60% 以上。而从图 4.2 可见，滞留塘出水浓度较其他工艺相对更为稳定集中，为 10.44～49.76mg/L。因此，水平潜流湿地和滞留塘系统对 COD 的去除效果较好，而滞留塘的去除效果则更为稳定。

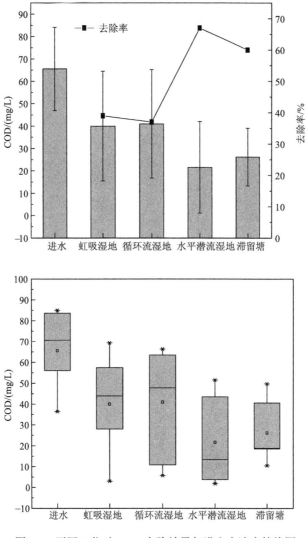

图 4.2　不同工艺对 COD 去除效果与进出水浓度箱线图

4.2.2　TN 去除效果分析

图 4.3 为不同工艺对 TN 去除效果与进出水浓度箱线图。试验期间，白塔堡河 TN 的进水浓度为 6.37~9.66mg/L，平均进水浓度为 7.76mg/L，而虹吸湿地、循环流湿地、水平潜流湿地与滞留塘的平均出水 TN 浓度分别为 7.73mg/L、6.31mg/L、7.95mg/L 和 7.71mg/L。其中，循环流湿地对 TN 的去除效果较好，这是因为循环流湿地同时存在兼氧和好氧区域，水体在湿地内循环流动过程中，

会往复经过好氧和兼氧过程，这在一定程度上促进了水体的硝化和反硝化等作用过程，促进了湿地对 TN 的去除。从图 4.3 来看，虹吸湿地和滞留塘的出水浓度较为稳定，浓度范围分别为 3.49～8.04mg/L 和 4.88～9.27mg/L。

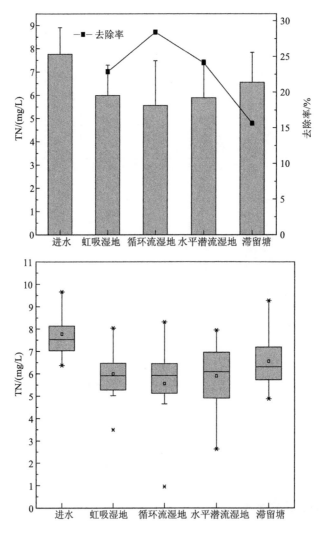

图 4.3　不同工艺对 TN 去除效果与进出水浓度箱线图

4.2.3　TP 去除效果分析

图 4.4 为不同工艺对 TP 去除效果与进出水浓度箱线图。试验期间，各生态处

理工艺进水 TP 浓度为 0.27~1.20mg/L，而虹吸湿地、循环流湿地、水平潜流湿地与滞留塘的平均出水 TP 分别为 0.50mg/L、0.58mg/L、0.46mg/L 和 0.59mg/L，其中，水平潜流湿地对 TP 的平均去除率为 34.56%，略高于其他湿地。从图 4.4 来看，4 种工艺对 TP 的去除过程中，虹吸湿地和滞留塘的出水值相对更为集中，为 0.19~0.85mg/L 和 0.22~0.98mg/L。

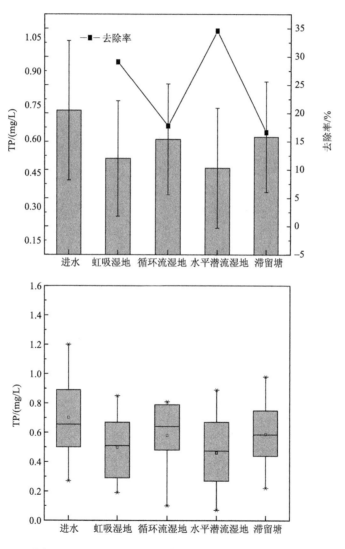

图 4.4　不同工艺对 TP 去除效果与进出水浓度箱线图

4.2.4　DOM 的三维荧光光谱特征

图 4.5 为不同生态处理工艺进出水的 DOM 三维荧光光谱图。由图 4.5 可知，工艺进出水水体 DOM 的荧光峰类型主要有四类，为 B 峰、T 峰、A 峰、C 峰。随着污水处理过程的进行，类蛋白峰 B 峰和 T 峰的荧光强度在经过四种工艺净化后

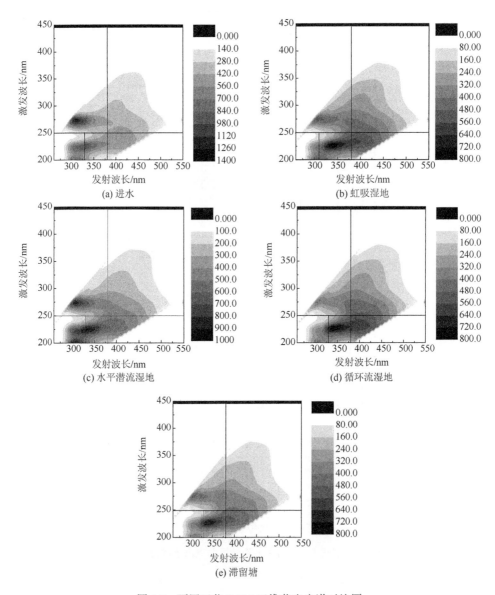

图 4.5　不同工艺 DOM 三维荧光光谱对比图

都有明显降低。同时，虹吸湿地与滞留塘的 T2 峰荧光强度明显减弱，说明色氨酸类物质得到削减；循环流湿地的 B2 峰荧光强度明显减弱，说明该类络氨酸类溶解性有机物得到削减。进出水中还含有 1 个峰值不突出的肩峰 C 峰，位于荧光区域Ⅴ，属于类可见光区富里酸峰。

4.2.5　污染物净化效果对比

由图 4.6 可知，各工艺对 COD 和 NH_3-N 的去除效果较好，而对 TP 和 TN 的去除率次之。各类湿地按对 COD 去除效果从高到低的排序为循环流湿地、滞留塘、水平潜流湿地和虹吸湿地，去除率分别为 67.09%、60.04%、38.98%和 37.40%；水平潜流湿地对 NH_3-N 的去除效果最高，而虹吸湿地、滞留塘和循环流湿地对 NH_3-N 的去除效果接近；对 TP 去除效果从高到低的排序为水平潜流湿地、虹吸湿地、滞留塘和循环流湿地；对 TN 去除效果从高到低的排序为循环流湿地、水平潜流湿地、虹吸湿地和滞留塘，分别为 28.42%、24.11%、22.87%和 15.63%。因而，从整体来看，水平潜流湿地对 N、P 指标的去除效果较好，循环流湿地对 TN 的去除效果较好，循环流湿地对有机物去除效果较好。

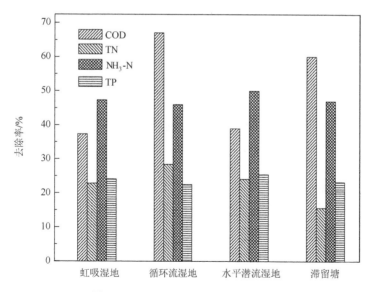

图 4.6　不同工艺对各指标的净化效果

第5章 活水生态调控技术

闸控型季节性城市河流白塔堡河具有丰水期水量大，枯水期和平水期水量小的季节性特征。枯水期和平水期较低的水量导致河道水流流速偏低，坝前水体停滞严重，加大了水体突发污染的风险。而针对此类季节性河流，生态调水工程可以增加水量，提高水体的复氧能力，加快水体污染物降解速度，达到保障河流水生态稳定的目的。

为了确保应急期或者河流水质突发恶化期白塔堡河水环境质量，白塔堡河以轻污染的沈抚灌渠（Ⅳ类水）作为调水来源，研究了基于闸控型城市河流水质稳定的水质水量优化调配方法，一定程度上解决了白塔堡河季节缺水和突发水质恶化的问题，达到了保护水生态系统的目标。

5.1 生态调水模型选择

水质模型的选择需考虑合理简化问题、选择合适模型维数、设置合理参数等方面，研究中基于选择 QUAL2K 模型进行优化和模拟，相关模型适用于模拟河道宽深比不大的中小型河道污染物的迁移转化。由于白塔堡河的河流长度远大于河宽、河深，污染物在纵向上变化明显，横向和垂向上易混合均匀，因而符合一维稳态模型模拟条件。因此，选择 QUAL2K 模型对白塔堡河水质进行模拟。

QUAL2K 模型适用于混合较好的枝状河流，可以模拟存在多个排污口和取水口的河流。研究中将白塔堡河分为一系列计算单元，每个单元的污染物是均匀混合的，同时假定白塔堡河只在纵轴方向存在污染物的迁移、对流和扩散等，流量及其他入流量不随时间变化，各单元河流的水利几何特征（坡度、断面面积、河床糙率等）均相同。对于任意水质变量 c，基本方程如式（5.1）所示。

$$\frac{\partial c}{\partial t} = \frac{\partial \left(A_x E_x \frac{\partial c}{\partial x} \right)}{A_x \partial x} - \frac{\partial (A_x uc)}{A_x \partial x} + \frac{S_i}{A_x} + \frac{S_e}{A_x} \tag{5.1}$$

式中，A_x 为 x 位置河流横截面积，单位是 m^2；uc 为断面平均流速，单位是 m/s；E_x 为纵向分散系数，单位是 m/s；x 为计算单元长度，单位是 km；S_i 为河流内部源和汇的物质负荷，单位是 mg/L；S_e 为河流外部源和汇的物质负荷，单位是 mg/L。

QUAL2K 模型可按任意组合模拟十八种水质组分、任意三种保守物质和一种非保守物质，其中包括：水温（temperature，T）、溶解氧（DO）、快反应碳质生化需氧量、慢反应碳质生化需氧量、沉积物氧化需氧量（SOD）、氮氧化需氧量（NOD）、藻类叶绿素 a、无机氮、有机氮、氨氮、硝氮、有机磷、无机磷、浮游植物、浮游植物内部氮、浮游植物内部磷、腐殖质、病原体、碱度和 pH 等。各个组分之间的关系如图 5.1 所示，QUAL2K 模型将基于相关关系确定逻辑关系。

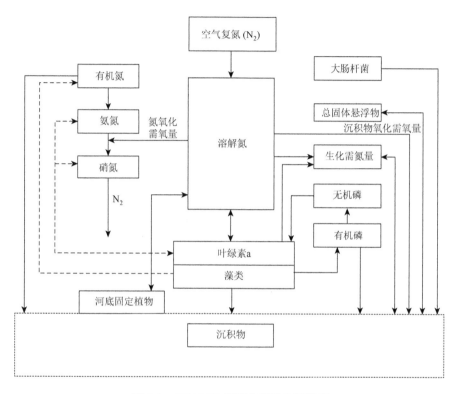

图 5.1 QUAL2K 模型水质组分间关系

5.2 模型构建

5.2.1 污染源分析

通过白塔堡地区企业调查排查，筛选出位于白塔堡河流域的工业企业，具体企业分布如图 5.2 所示。由图 5.2 可知，工业企业多位于白塔堡中下游区域，即城市区域；另有部分企业分布在支流上深河的源头。根据全国第一次污染源普查结果可知，白塔堡流域工业企业以制造业为主，大部分企业污水已排入污水处理厂。

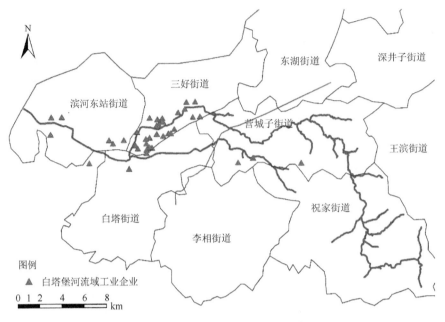

图 5.2　2012 年白塔堡河流域工业污染源分布情况

白塔堡河跨越城市、城镇和农村三个部分，生活污染源主要包括城镇生活污染源和农村生活污染源。表 5.1 和表 5.2 分别为白塔堡河流域城镇生活污染源和农村生活污染源排放情况。

表 5.1　白塔堡河流域城镇生活污染源排放情况

序号	所在辖区	纬度	经度	排污现状	污水量/(t/d)
1	白塔街道白塔村	41.68633°N	123.4156°E	连续	5184
2	白塔街道白塔村	41.68578°N	123.4156°E	连续	25
3	白塔街道塔北村	41.69233°N	123.4125°E	连续	5184
4	苏家屯区（排口上河湾）	41.70208°N	123.3788°E	连续	6000
5	白塔街道上深沟村	41.69861°N	123.4779°E	连续	80
6	白塔街道白塔村	41.68822°N	123.4183°E	连续	70
7	白塔街道白塔村	41.67729°N	123.465°E	连续	60
8	南塔街道后桑林子	41.70639°N	123.5167°E	连续	5000
9	南塔街道后桑林子	41.70404°N	123.5132°E	连续	2000
10	南塔街道后桑林子	41.70033°N	123.5131°E	连续	2000
11	白塔街道白塔村	41.68633°N	123.4198°E	连续	5000

数据来源：沈阳环境科学研究院，2012

表 5.2　白塔堡河流域农村生活污染源排放情况

序号	村镇名	常住人口数/人	户数/户	是否向河中排放废水	是否有污水处理装置	污水排放量/(t/d)	COD 排放量/(kg/d)	NH$_3$-N 排放量/(kg/d)
1	金水湾社区	5300	2150	否	是	715.5	296.8	45.05
2	孙家寨	1765	657	否	否	238.275	98.84	15.0025
3	石官屯村	1500	420	是	否	202.5	84	12.75
4	元科村	1107	350	是	否	149.445	61.992	9.4095
5	李相村	1300	580	是	否	175.5	72.8	11.05
6	腰杏村	220	70	是	否	29.7	12.32	1.87
7	老塘峪村	896	279	是	否	120.96	50.176	7.616
8	上泉水峪村	440	140	是	否	59.4	24.64	3.74
9	香湾社区	18957	6319	是	是	2559.195	1061.592	161.1345
10	下泉水峪村	890	330	是	否	120.15	49.84	7.565
11	王家寨	1000	360	否	否	135	56	8.5
12	永安村	1030	282	否	否	139.05	57.68	8.755
13	营城子村	2700	980	是	否	364.5	151.2	22.95
14	张沙布村	2335	1370	是	否	315.225	130.76	19.8475
15	王宝花寨村	1108	398	是	否	149.58	62.048	9.418
16	小仁屯	139	45	否	否	18.765	7.784	1.1815
17	大仁屯	350	70	否	否	47.25	19.6	2.975
18	东沟村	180	50	否	否	24.3	10.08	1.53
19	保合村	1000	302	是	否	135	56	8.5
20	高八寨村	1520	520	否	否	205.2	85.12	12.92

数据来源：沈阳环境科学研究院，2012

生活源污染物排放量可通过产排污系数法计算流域人口污水排放量、COD 排放量和 NH$_3$-N 排放量。计算公式为

$$G_p = NF_p \qquad (5.2)$$

式中，G_p 为城镇居民生活污水或污染物年排放量，其中污水量单位是 L/d，污染物量单位是 g/d；N 为城镇居民常住人口，单位是人；F_p 为城镇居民生活污水或污染物排放系数，其中污水单位是 L/（人·d），污染物单位是 g/（人·d）。

白塔堡河流域经由下水道排放至水体的污染物排放系数表如表 5.3 所示。

表 5.3　白塔堡河流域经由下水道排放至水体的污染物排放系数表

项目	系数	项目	系数
生活污水量/[L/(人·d)]	135	NH$_3$-N/[g/(人·d)]	8.5
COD/(g/d)	56	TN/[g/(人·d)]	10.6
BOD$_5$/(g/d)	22	TP/[g/(人·d)]	0.78

5.2.2　UAL2K 水质模拟步骤

根据 QUAL2K 模型用户手册，将模拟步骤分为以下五个方面。

1. 现场勘测和调研

通过勘测和调研，获取白塔堡河流域水文资料、水质资料、气象资料及污染源分布与强度。

2. 划分河段及单元

河段是 QUAL2K 模型中的核心构建，是指一系列恒定非均匀流的河流小段。河段是 QUAL2K 模型的基本单元，需要根据水力学特征是否相似，是否有污染源排放点，是否为主、支交汇处，是否为桥梁或具有水质监测资料处等特点对白塔堡河进行划分。本书将白塔堡河分为 10 个不等长的河段。模型特性对计算单元有一定的限制，具体限制见表 5.4，河段划分示意图见图 5.3。

表 5.4　QUAL2K 水质模型计算单元限制条件

限制条件	源头	河段	计算单元	节点	点源负荷	河口
个数（≤）	10	50	500	9	50	1

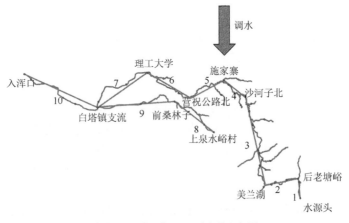

图 5.3　白塔堡河河段划分示意图

3. 计算单元的划分

QUAL2K 模型将计算单元分为源头单元、节点单元、节点上游单元、河口单元、点源单元、取水口单元、堰坝单元和标准单元等。根据河流长度及水文学特征，对河流进行计算单元划分。一般来说，模拟的精度会随计算单元的增多而提高，但如果单元过多，计算量会大大增加。本书根据实际情况将白塔堡河全程分为 11 个计算单元，具体如表 5.5 所示。

表 5.5　白塔堡河河段与计算单元划分情况

编号	河段名称	河段性质	与河口距离/km	单元数
1	水源头—后老塘峪	干流河段	51.01861	3
2	后老塘峪—美兰湖	干流河段	48.54954	4
3	美兰湖—沙河子北	干流河段	44.23685	6
4	沙河子北—施家寨	干流河段	32.94455	4
5	施家寨—营祝公路北	干流河段	29.36126	4
6	营祝公路北—理工大学	干流河段	24.6055	5
7	理工大学—白塔镇支流	干流河段	18.18966	5
8	上泉水峪村—前桑林子	支流河段	26.58121	5
9	前桑林子—白塔镇支流	支流河段	20.19653	5
10	白塔镇支流	支流河段	10.5483	6
11	入河口	干流河段	0	5

4. 模型参数的确定

模型参数的确定是模拟的核心与成功关键。经过与实测资料的比对，选取最适合模型的参数，主要包括水力参数和水质参数两类。参数的确定即通过反复调整试算，计算当前参数设定下模拟结果与实测结果的差值，如果误差程度在可接受范围内则可以进行下一步工作。本书采用 2013 年枯水期、平水期、丰水期白塔堡河监测数据分别进行参数确定。

5. 模型验证

本书采用 2013 年平水期、枯水期、丰水期监测数据对模型进行验证。

5.2.3　数据来源

QUAL2K 模型需要用户提供流域水文水质资料、气象资料和污染源资料作为输入端。本书根据水质实测数据的完整性与代表性，选取 2013 年 3 月 16 日、2013 年 10 月 11 日和 2013 年 7 月 6 日水质情况分别代表枯水期、平水期、丰水期的水质情况。水文资料来自实地调研资料，水质资料来自沈阳市环境科学研究院 2013年实测资料，其中包括源头水流量等。源头水流量如表 5.6 所示。

表 5.6 白塔堡河源头水流量

	枯水期	平水期	丰水期
源头水流量/（m³/s）	0.0197	0.0347	0.0452

气象资料（weather information）包括气温（T）、露点温度（Td）、云量（N）、风速（Ff）等参数。白塔堡河 2013 年 7 月 10 日气象资料如表 5.7 所示。

表 5.7 白塔堡河 2013 年 7 月 10 日气象资料

参数	23:00	20:00	17:00	14:00	11:00	08:00	05:00	02:00
T/℃	23.7	27.9	31.8	32.4	30.6	26.1	18.6	19.3
Td/℃	20.6	19.7	17.7	16.7	18.3	19.3	17.3	17.4
N/%	20～30	40.	70～80	70～80	0	0	0	0
Ff/（m/s）	1	1	3	4	4	3	2	1

工业污染源基础信息来自 2010 年全国第一次污染源普查工业企业信息，生活源来自沈阳市环境科学研究院 2013 年调研资料。由于工业源实际排污信息难以核实，现存工业企业排污量仍参考 2010 年普查数据。

5.2.4 模型参数的选择与确定

白塔堡河特征污染物为有机物、NH_3-N 和 TP，选取 COD、NH_3-N 为待校验的水质参数，由于缺少有机磷与无机磷比例，因此 TP 不参与参数校验过程。主要对 COD 耗氧系数 K_6 和 NH_3-N 的硝化系数 K_N 进行模拟，其余参数使用模型推荐值。

1. COD 耗氧系数 K_6

COD 分为可降解与不可降解的部分，其中，可降解部分 COD 的耗氧系数为 K_6，方程为

$$C = \delta C_0 \exp(-K_6 t) + (1-\delta)C_0 \quad (5.3)$$

式中，C 为 COD 测定量，单位是 mg/L；C_0 为最初时刻 COD 浓度，单位是 mg/L；

K_6 为 COD 耗氧系数，单位是 d^{-1}；δ 为可降解 COD 占比，单位是%。

2. NH$_3$-N 的硝化系数 K_N

NH$_3$-N 的硝化系数为 K_N，方程为

$$-\frac{dL_N}{dt}=K_N[L_N]+K_S[L_N]=[K_N+K_S][L_N] \tag{5.4}$$

式中，L_N 为 NH$_3$-N 的浓度，单位是 mg/L；K_N 为硝化系数，单位是 d^{-1}；K_S 为其他作用引起 NH$_3$-N 变化的常数，单位是 d^{-1}。

本节对白塔堡河 2013 年枯水期、平水期、丰水期的监测数据进行模拟，得到 K_6、K_N 的校验值，如表 5.8 所示。

表 5.8　QUAL2K 模拟参数确定　　　　（单位：d^{-1}）

模型参数	时期	河段 1	河段 2	河段 3	河段 4	河段 5	河段 6	河段 7	河段 8	河段 9	河段 10
	枯水期	3.10	3.20	3.40	2.90	2.70	3.70	2.80	3.30	3.10	3.30
K_6	平水期	4.80	2.60	2.70	4.80	2.40	2.60	4.00	2.10	4.80	2.60
	丰水期	1.80	2.00	0.07	0.12	0.10	0.13	0.50	1.98	1.77	1.50
	枯水期	0.12	0.14	1.50	1.50	0.12	0.17	0.11	0.16	0.14	0.13
K_N	平水期	1.00	1.90	4.90	4.70	4.80	4.90	2.10	0.10	1.10	1.80
	丰水期	1.50	1.50	0.10	0.02	0.02	0.02	0.05	0.04	1.60	1.30

5.2.5　模型验证结果

利用 2013 年白塔堡河不同水期 COD、NH$_3$-N 的实测数据，构建了白塔堡河水质模拟模型。通过反复测算参数，检测模拟结果与实测结果的相关性，如图 5.4～图 5.9 所示。

模拟校验结果显示，三个时期水质模拟结果基本与实测结果吻合，丰水期校验结果最理想。三个时期 NH$_3$-N 浓度在入河口 10km 范围内模拟小于实测的情况，而在 20～30km 处（生活源分布集中区）存在模拟大于实测的情况，这可能与小区污水并不是原地排放，而是通过管网排放至污水处理厂有关。对于 COD，平水期和丰水期校验结果较为理想，枯水期校验结果不太理想。由于枯水期（即春冬季节）水体多受工业源影响，推断可能有部分新建工业企业排放 COD 浓度较高的污水，引起模拟结果与实测结果的偏差。

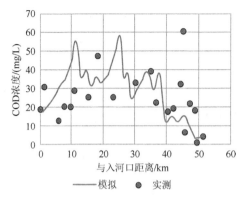

图 5.4　枯水期 COD 模拟结果校验

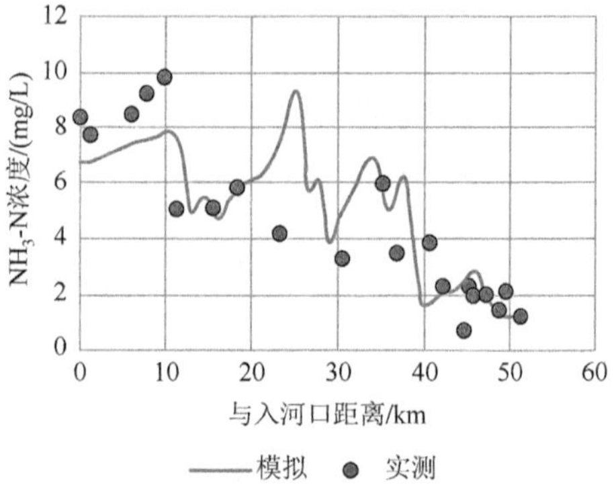

图 5.5　枯水期 NH₃-N 模拟结果校验

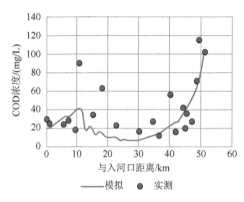

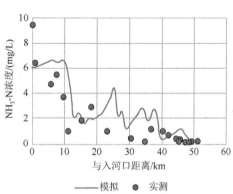

图 5.6　平水期 COD 模拟结果校验

图 5.7　平水期 NH₃-N 模拟结果校验

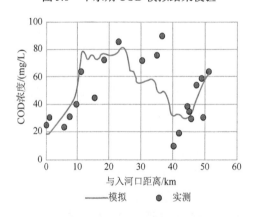

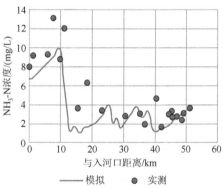

图 5.8　丰水期 COD 模拟结果校验

图 5.9　丰水期 NH₃-N 模拟结果校验

　　对于曲线的趋势变化，白塔堡河 COD 浓度沿程变化的季节性差异大，NH_3-N 浓度沿程变化的季节性差异小，且 NH_3-N 浓度严重超标。

5.3　调水量评估

将沈抚灌渠视为点源，通过 GIS 方法数字化沈抚灌渠，并计算灌渠汇入白塔堡河的位置，得到灌渠汇入点距白塔堡河入浑河口 29.36km。沈抚灌渠水质满足地表水水质Ⅳ类水标准，因此引入Ⅳ类水，反复试算，最终计算出满足地表水水质Ⅴ类水的调水量，结果如表 5.9 所示。

表 5.9　沈抚灌渠平水期、枯水期、丰水期调水水量

时期	枯水期	平水期	丰水期
水量/（m³/s）	4.6	1.6	8.0

可以看出，平水期所需调水量最少，枯水期次之，丰水期所需调水量最大。这一方面与河流季节性水流量有关，另一方面与水质优劣程度相关。丰水期受农业面源影响大，而枯水期受工业污染源影响大。

5.4　调水对水质影响

将调水后的水质模拟结果与调水前的水质模拟结果进行对比，得到的结果如图 5.10～图 5.15 所示。

可以看出，对 COD 而言，调水后其浓度在平水期、丰水期的上游区仍超标，枯水期全流域达标。NH_3-N 浓度在调水点的上游均超标。

虽然调水工程可以满足出水口水质要求，但无法顾及沿程其他河段的水质达标情况，特别是调水工程的上游河段，调水前后其水质基本无变化。

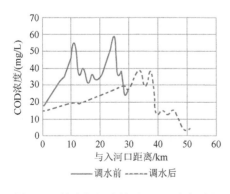

图 5.10　枯水期调水前后 COD 浓度对比

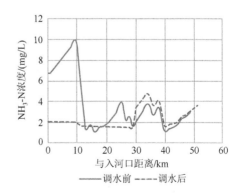

图 5.11　枯水期调水前后 NH_3-N 浓度对比

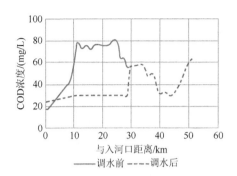

图 5.12　平水期调水前后 COD 浓度对比

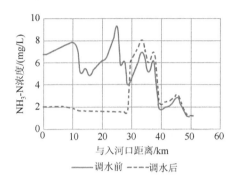

图 5.13　平水期调水前后 NH₃-N 浓度对比

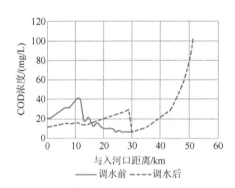

图 5.14　丰水期调水前后 COD 浓度对比

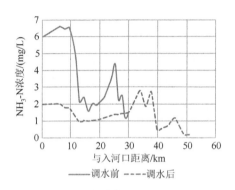

图 5.15　丰水期调水前后 NH₃-N 浓度对比

5.5　调水前后水质变化模拟

白塔堡河 COD、NH₃-N、TP 浓度整体模拟情况如图 5.16～图 5.33 所示。

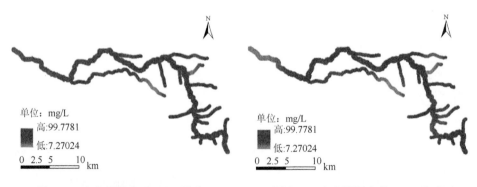

图 5.16　丰水期调水后 COD 浓度　　　　图 5.17　丰水期调水前 COD 浓度

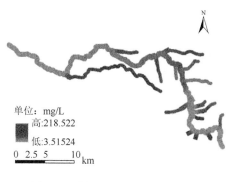

单位：mg/L
高:218.522
低:3.51524
0　2.5　5　　　10 km

图 5.18　枯水期调水后 COD 浓度

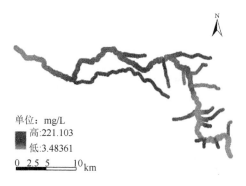

单位：mg/L
高:221.103
低:3.48361
0　2.5　5　　　10 km

图 5.19　枯水期调水前 COD 浓度

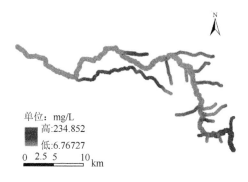

单位：mg/L
高:234.852
低:6.76727
0　2.5　5　　　10 km

图 5.20　平水期调水后 COD 浓度

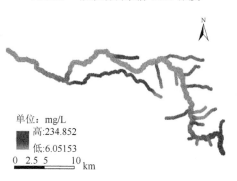

单位：mg/L
高:234.852
低:6.05153
0　2.5　5　　　10 km

图 5.21　平水期调水前 COD 浓度

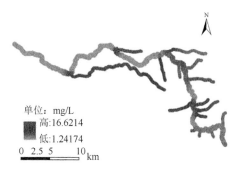

单位：mg/L
高:16.6214
低:1.24174
0　2.5　5　　　10 km

图 5.22　丰水期调水后 NH_3-N 浓度

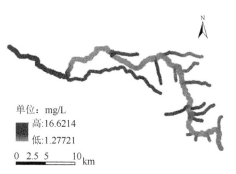

单位：mg/L
高:16.6214
低:1.27721
0　2.5　5　　　10 km

图 5.23　丰水期调水前 NH_3-N 浓度

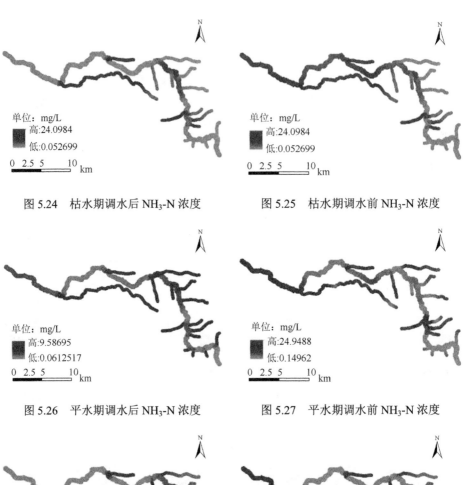

图 5.24　枯水期调水后 NH_3-N 浓度　　　　图 5.25　枯水期调水前 NH_3-N 浓度

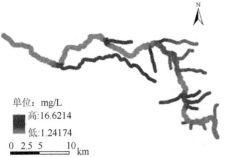　　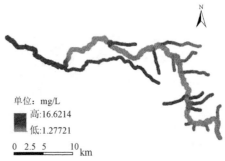

图 5.26　平水期调水后 NH_3-N 浓度　　　　图 5.27　平水期调水前 NH_3-N 浓度

图 5.28　丰水期调水后 TP 浓度　　　　图 5.29　丰水期调水前 TP 浓度

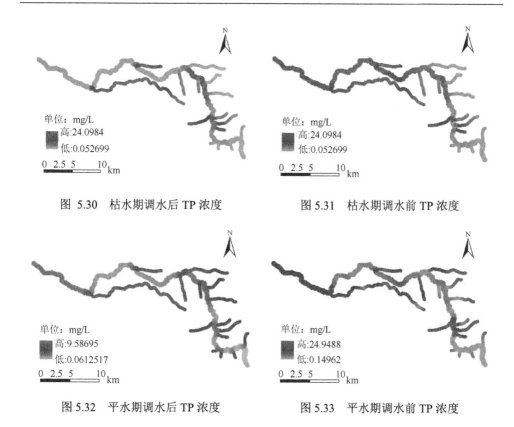

图 5.30 枯水期调水后 TP 浓度　　　　图 5.31 枯水期调水前 TP 浓度

图 5.32 平水期调水后 TP 浓度　　　　图 5.33 平水期调水前 TP 浓度

可以看出，调水可以有效解决调水点下游水质情况，但对未被调水影响的支流及调水点上游部分水质无明显影响。

5.6 调水后水质类别变化

调水后各水质组分在《地表水环境质量标准》（GB 3838—2002）中的分类情况见图 5.34～图 5.51。COD、NH$_3$-N、TP 出水水质均满足地表水水质 V 类标准。

由上可知，QUAL2K 模型能够有效模拟白塔堡河水质情况，定量描述污染物浓度的时空变化，是能够系统地模拟白塔河流域污染负荷的输入、输出及其水体污染物变化规律的重要工具。

将调水灌渠沈抚灌渠视为点源，分别对平水期、丰水期、枯水期水质进行模拟，得到满足白塔堡河出水浓度在 V 类水标准的调水量。QUAL2K 模型可以对主控因子少、达标点单一的情况进行模拟。但是由于模型和数据的局限性，模型不能对主控因子多、需要全程控制水质达标的情况进行模拟。本节提出的模型可以为小流域调水提供一种调水量的计算方法，满足科学调水的要求。

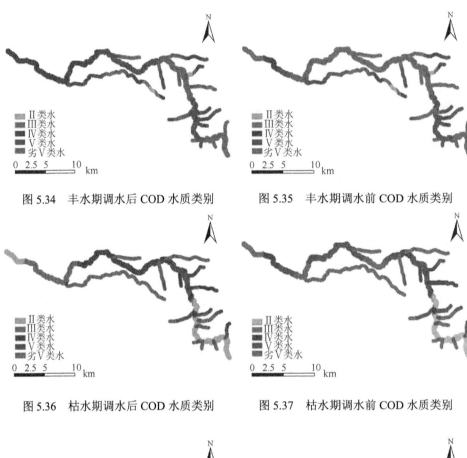

图 5.34　丰水期调水后 COD 水质类别　　　　图 5.35　丰水期调水前 COD 水质类别

图 5.36　枯水期调水后 COD 水质类别　　　　图 5.37　枯水期调水前 COD 水质类别

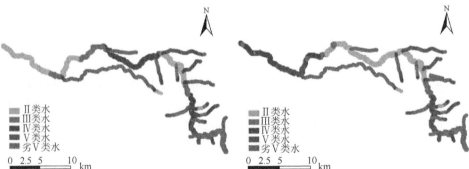

图 5.38　平水期调水后 COD 水质类别　　　　图 5.39　平水期调水前 COD 水质类别

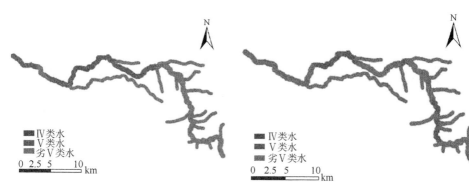

图 5.40　丰水期调水后 NH₃-N 水质类别　　　图 5.41　丰水期调水前 NH₃-N 水质类别

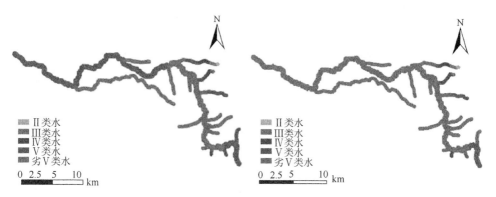

图 5.42　枯水期调水后 NH₃-N 水质类别　　　图 5.43　枯水期调水前 NH₃-N 水质类别

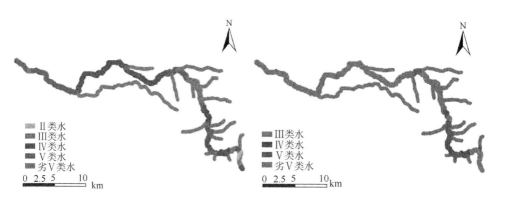

图 5.44　平水期调水后 NH₃-N 水质类别　　　图 5.45　平水期调水前 NH₃-N 水质类别

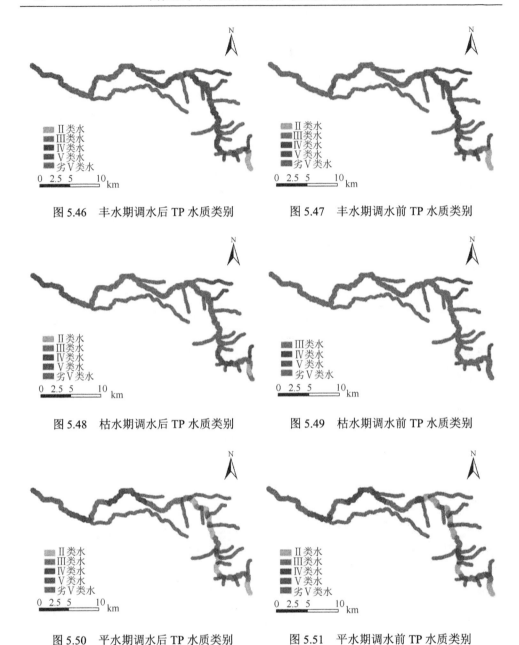

图 5.46　丰水期调水后 TP 水质类别　　　　图 5.47　丰水期调水前 TP 水质类别

图 5.48　枯水期调水后 TP 水质类别　　　　图 5.49　枯水期调水前 TP 水质类别

图 5.50　平水期调水后 TP 水质类别　　　　图 5.51　平水期调水前 TP 水质类别

　　由于调研条件与试验条件的限制，本研究还有一些未考虑到的因素，总结为以下几点：①由于缺乏相关试验条件，部分需要进行实验室模拟的水质参数未能较好地模拟，直接采用模型推荐值，是结果误差产生的原因之一；②因水质数据监测的气象条件限制，本研究未能考虑到面源污染，如果加入带有面源污染负荷的水质模拟结果，可以更加全面地对现有水质模拟结果进行多方位校验；③由于数据获取的限制，部分污染源的核算存在估算，并未考虑污染源排放浓度的季度性变化，无法分季度对污染源进行核算，造成生活源的核算出现一定误差，这些问题在后续研究中可进一步深化。

第6章 闸控型城市河流滞水区藻类滋生阻控技术

闸控型河流在我国北方普遍存在，其虽然保障了一年中大部分时间内河流水面的存在，但也形成了大量河道滞水区，一定程度上促进了河流的富营养化。尤其针对城市内河道，由于部分河段是三面光设计，高温期河道内极易滋生大量藻类，藻类的应急控制也成为城市河流生态修复的重要内容。目前应用比较广泛的物理除藻技术包括机械除藻法、底泥疏浚法、外来水资源冲洗法、γ 射线法等[30]。其中，化学药剂法是一种有效除藻的技术手段，广泛应用于城市河湖水体藻类滋生控制。近年来，随着除藻需求的增大，国内外对新型除藻功能材料的需求也越来越大[31]。

本章着重研究铜绿微囊藻的生长特性，掌握铜绿微囊藻不同生长时期对水体的影响；研究天然海泡石、改性海泡石组合材料（modified sepiolite composite material，MSCM）、硅藻土和改性黏土等对铜绿微囊藻的去除效果及其对藻液中 TN、TP 和溶解性有机物的影响；研究改性材料对不同时期铜绿微囊藻的去除效果，探索铜绿微囊藻处理后沉淀絮体稳定性和遇到扰动后的再悬浮情况，进而优化功能材料使用。

6.1 铜绿微囊藻生长特性

作为一种水生微生物，铜绿微囊藻在其生长各个阶段所表现的形态和理化特性差异很大。本节旨在了解铜绿微囊藻的生长特性，以及其对水环境所产生的影响，为后续的针对性去除提供参考。

6.1.1 试验材料

1. 铜绿微囊藻

本章所有试验对象均为铜绿微囊藻，藻种取自中国环境科学研究院湖泊生态环境研究所，来源于太湖水华的优势藻种分离纯化。铜绿微囊藻是很多淡水湖泊发生藻华的优势藻种，其主要吸收水体中的 N、P 等营养物，并在光照下进行光合作用，从而大量繁殖。铜绿微囊藻大量繁殖的水体会呈现出蓝绿色和铜绿色。藻细胞大小为 3～5nm，细胞周围有黏液层包裹，其电性为电负性。藻细胞生长过程中向水体中释放有机物，包括藻毒素和臭味污染物等。铜绿微囊藻在人工培养条件下生命周期约为 80d，死亡后藻细胞呈黄色，沉淀在水底，但稳定性较差，稍微受到扰动即可再次浮起，浑浊水体。

2. 培养基及试验所需其他材料

本研究所用藻类培养基为 M-11 培养基，其中主要包含 N、P 营养盐和部分无机盐，另外还加入了一定量的乙二胺四乙酸二钠来促进藻类的生长繁殖。其中，TN 的浓度为 16.5mg/L，TP 的浓度为 1.8mg/L，均超过国家 V 类水水质标准。培养基组成成分及含量见表 6.1。

表 6.1　M-11 培养基的组成成分及含量

营养盐	化学成分	浓度/(mg/L)
硝酸钠	$NaNO_3$	100
磷酸氢二钾	K_2HPO_4	10
硫酸镁	$MgSO_4 \cdot 7H_2O$	75
氯化钙	$CaCl_2$	40
碳酸钠	Na_2CO_3	20
柠檬酸铁	$Fe \cdot citrate \cdot xH_2O$	6
乙二胺四乙酸二钠	$Na_2EDTA \cdot 2H_2O$	1
蒸馏水	H_2O	—

铜绿微囊藻生长特性试验还需要不同生长阶段的藻液、血球计数板、紫外分光光度计、蛋白质测定试剂盒、TOC 仪、日立三维荧光仪、Zeta 电位仪、浊度仪等。

6.1.2　试验方法

1. 培养基配制

向 2000mL 的大烧杯中加入 1000mL 的超纯水，分别加入培养基组分。加完培养基后充分搅拌混匀，用 1%HCl 溶液与 NaCl 溶液调节培养液，pH 为 8.0±0.1。将配好的培养液倒入锥形瓶中用封口膜封口，扎紧后放入高压蒸汽灭菌锅中 120℃保持 30min，冷却后取出备用。

2. 接种与培养

将配置好的培养液放在灭完菌的超净台上，点燃酒精灯，打开锥形瓶的封口膜，倒入 200mL 的稳定期铜绿微囊藻液，即接种比例为 1∶5。接种完再次用封口膜封口，摇晃使藻细胞混合均匀，放在恒温培养箱中按照光照 14h、黑暗 10h 来模拟实际条件，光照强度为 500lx，并且将温度设定为 27℃。

3. OD_{680} 与藻细胞生物量之间线性关系的建立方法

OD_{680}（optical density at 680nm，即 680nm 波长处的光吸收值，反映藻类密度和生物量）与藻细胞生物量之间存在着线性关系。为得到二者之间的线性关系，取一瓶刚接种的藻液作为试验对象，从接种当天开始，每天的同一时间在超净台下从藻液中取出样品，分别用血球计数板计算藻细胞生物量，用分光光度计测定 OD_{680}。试验持续 78d 到藻液变黄、变浑浊（也就是衰亡期），再利用数据得到二者之间的线性关系。

4. 蛋白质测定方法

试验过程中采用 BCA 蛋白质定量试剂盒（SK3061，Sangon，China）测定水溶液中蛋白质含量。Cu^{2+} 在碱性的条件下，可以被蛋白质还原成 Cu^{1+}，Cu^{1+} 和独特的 BCA 溶液（含有 BCA）产生敏感的颜色反应。1 个 Cu^{1+} 螯合 2 个 BCA 分子，形成紫色的反应复合物。该水溶性复合物在 562nm 处显示出强吸光性，吸光度和蛋白质浓度在很大范围内有良好的线性关系，从而根据吸光值可以推算出蛋白质浓度。

5. 溶解性有机物测定方法

分子荧光光谱法具有很好的定性分析能力，目前在环境监测领域有着广泛的应用。本试验采用的是日本日立公司生产的分子荧光/磷光/化学光谱仪（F-7000，Japan），具体操作条件：激发波长 EX = 200～450nm，发射波长 EM = 260～550nm，激发和发射狭缝宽 5nm，激发波长扫描间隔 5nm。

6. Zeta 电位测定方法

用 0.5%的 NaCl 溶液配制藻颗粒悬浊液（接近凝聚体系中的浓度），分别用 HCl 和 NaOH 溶液调节悬浊液 pH，置于 Zeta 电位仪中测量 3 次，取其平均值。

6.1.3 铜绿微囊藻生长特点

1. 铜绿微囊藻实验室培养

铜绿微囊藻在不同的生长阶段会表现出不同的种群状态，根据实际条件下的藻华暴发过程可以将铜绿微囊藻的生长阶段分为对数前期、对数后期、稳定中期、衰亡期（图 6.1）。之所以将对数期分为对数前期和对数后期是因为对数期时间较长，二者之间的种群形态差别较大。对数前期与潜伏期间隔较短，是藻细胞开始大量繁殖的起始点，也是藻华暴发的起始点；而对数后期则更靠近稳定中期，其生长状态、种群密度与稳定中期更接近。对数前期的铜绿微囊藻藻液颜色较淡且清亮透明，随着培养时间的增长，藻液颜色会越来越深，锥形瓶底部开始产生死亡的藻细胞；到达稳定中期后的铜绿微囊藻甚至会以大量聚集成絮状体的形态出现；衰亡期藻液颜色逐渐变黄，藻细胞颗粒团聚并与水区分明显，整个微囊藻群落开始向瓶底沉降。

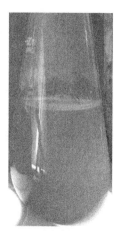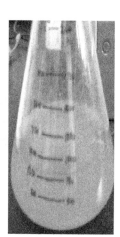

(a) 对数前期　　　　　(b) 对数后期　　　　　(c) 稳定中期　　　　　(d) 衰亡期

图 6.1　不同生长阶段的铜绿微囊藻

在显微镜下观察铜绿微囊藻细胞多是圆形或椭圆形，且常有空泡，细胞粒径大多在 10μm 以内。由于其细胞粒径小，在处理上相较于其他大型藻有难度，应用传统机械打捞式的操作很难达到高效处理，后期的藻华再暴发也难以避免。

2. 生长曲线的绘制

根据前人的研究，铜绿微囊藻在紫外分光光度计下 680nm 处有很强的吸收峰，因此在描述铜绿微囊藻的细胞数量时，通用 OD_{680} 来表示藻细胞密度。通过 78d 的观测可以发现铜绿微囊藻种群的生命周期超过两个月，培养的前 10d 增长幅度较小，可作为潜伏期；10~40d 生长速度越来越快，这期间也是铜绿微囊藻生长的对数期；40~60d 时增长速度再次放缓，进入稳定中期；60d 之后藻细胞数量开始减少，表明藻细胞进入衰亡期。一般铜绿微囊藻在 10d 左右开始进入对数期，这是藻华暴发与否的标志阶段，此后藻细胞生长速率快速增长，所以对数期的藻均取自 10d，此时的 OD_{680} 在 0.1 左右；稳定期的藻取自 50d，OD_{680} 在 0.65 左右；衰亡期取自 70d，OD_{680} 在 0.6 左右。绘制的生长曲线如图 6.2 所示。

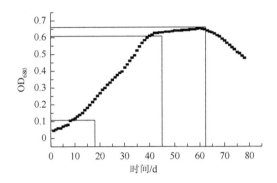

图 6.2　铜绿微囊藻生长曲线

为了更进一步具体表示 OD_{680} 与藻细胞生物量之间的关系，了解本研究试验的铜绿微囊藻在各时期的具体藻细胞数量水平，需要在铜绿微囊藻培养的过程中取样测定其 OD_{680}，并用血球计数板对不同吸光度下的铜绿微囊藻进行藻细胞计数，建立铜绿微囊藻细胞数量和吸光度之间的线性关系。从图 6.3 中可以看出，OD_{680} 与藻细胞生物量之间存在很好的线性关系，在铜绿微囊藻纯培养的条件下，OD_{680} 可以作为藻细胞生物量的替代指标。根据标线及其延长线可知，当对数期的藻细胞浓度在 2.0×10^6 个/mL 左右时，稳定期的藻细胞浓度可达到 8.3×10^6 个/mL。

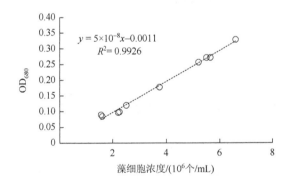

图 6.3　OD_{680} 与藻细胞生物量关系

6.1.4　铜绿微囊藻生长过程中理化指标变化

1. 不同时期的铜绿微囊藻释放 TOC 变化

铜绿微囊藻产生的有机物主要包括胞外有机物和胞内有机物两部分。其中，胞内有机物主要有蛋白质、多糖、微囊藻毒素等，藻细胞死亡后胞内有机物会释放到水体中，藻毒素以游离态形式溶解于水体中，蛋白类物质在微生物代谢下能产生二次污染物，如硫醚类有机体腐败产物。胞外有机物主要存在于藻细胞外围包裹的黏液层中，这部分有机物具有很好的亲水性，主要是碳水化合物，另外还有部分属于藻细胞代谢过程向水体中分泌的有机物，如臭味污染物土臭味素（geosmin，GSM）等。水体中的有机物种类繁多，成分复杂，对水质的影响较大，所以有必要对藻液中的有机物水平进行评估。

由于本试验的铜绿微囊藻是在无菌条件下接种培养的，藻液中的有机碳主要来源于铜绿微囊藻的生命活动。如图 6.4 所示，在铜绿微囊藻整个生长过程中，水体中总有机碳（TOC）一直是不断增加的，其在对数前期、对数后期和稳定中期过程中增长速率相差不大；但是从稳定中期到衰亡期期间内，TOC 含量迅速增加。这是由于随着种群结构的老化，大量的藻细胞凋零、死亡，伴随胞内有机物释放到水体中，其中包括大分子的蛋白质，也包含小分子的微囊藻毒素。

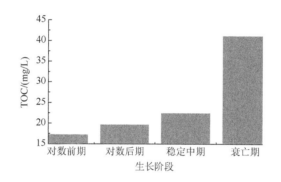

图 6.4　不同生长阶段 TOC 变化

TOC 这种变化规律为微囊藻的去除时机提供了一个很好的选择条件，即应当尽量避免在藻华暴发到衰亡期才去采取措施，这时候水体的污染已经造成，大量的藻毒素会释放到水体中，严重影响自然界其他生物的生存。

2. 不同时期的 DOM 变化

TOC 只能从总体上判断水体中的有机物含量，而三维荧光光谱可以对水体中的 DOM 进行分类定性，并且可以通过对生成图像的数据分析得到不同类别的有机物变化情况。作为一种光谱分析方法，其具有操作简便、样品使用量小、数据较为准确可靠等优势。目前三维荧光光谱被广泛应用到自然水体和城市景观水体有机物的分析中。根据图谱中出峰位置的不同，大致可以将有机物分为表 6.2 中所示的几类，不同生长阶段 DOM 变化特征如图 6.5 所示。

表 6.2　常见溶解性有机物三维荧光光谱特性

区域	所代表有机物类型	激发波长 EX/nm	发射波长 EM/nm
I	芳香类蛋白质 I	220~250	280~330
II	芳香类蛋白质 II	220~250	330~380
III	富里酸类	220~250	380~500
IV	溶解性微生物代谢产物	250~280	280~380
V	腐殖酸类	250~400	380~500

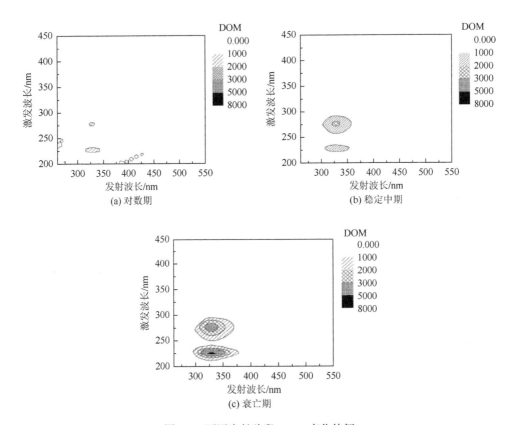

图 6.5　不同生长阶段 DOM 变化特征

　　根据表6.2与图6.5可以发现试验培养条件下的微囊藻生长水体中主要有溶解性微生物代谢产物和芳香蛋白类物质两类。从对数前期到稳定中期，溶解性微生物代谢产物的增加速度要大于芳香蛋白类物质，这是由于这段时期以生长繁殖为主，细胞活动性较强，溶解性微生物代谢产物的增长较快；从稳定期到衰亡期芳香蛋白类物质出现突增，这可能是该时期藻细胞的死亡数量多，细胞内的蛋白质大量释放到水体中而导致的。另外从图 6.5 中可以发现，对数前期的藻中各类有机物的含量很低，如果选择在此阶段除藻，将会降低处理难度，减少处理成本。

从光谱图中能直观看出峰的位置和大小变化情况，但是要想对 DOM 进行更深入的分析，需要对其进行定量分析。目前对三维荧光光谱图进行定量分析的主要方法有荧光指数法、同步荧光色谱法、荧光峰值比率法、体积积分法等。其中，以体积积分法应用最为成熟、广泛。体积积分法是对各个区域内的荧光值进行积分计算，其计算公式为

$$\phi_i = \int\limits_{ex} \int\limits_{em} I(\lambda_{ex}\lambda_{em}) d\lambda_{ex} d\lambda_{em} \tag{6.1}$$

由于荧光峰的数值都是以离散数值累积起来的，所以采用离散积分的方式进行计算，计算公式为

$$\phi_i = \sum_{ex} \sum_{em} I(\lambda_{ex}\lambda_{em}) \Delta\lambda_{ex} \Delta\lambda_{em} \tag{6.2}$$

式中，ϕ_i 为划归一前的原始积分值；$I(\lambda_{ex}\lambda_{em})$ 为各位置的峰值；$\Delta\lambda_{ex}$ 为激发波长间隔，取 5nm；$\Delta\lambda_{em}$ 为发射波长间隔，取 5nm。

将式（6.2）的结果除以扫描面积即可得到体积积分法计算的荧光特征峰值，公式为

$$I_{特征} = \phi_i / S \tag{6.3}$$

$$S = \Delta\lambda_{EX} \Delta\lambda_{EM} \tag{6.4}$$

式中，$I_{特征}$ 为荧光特征峰值；S 为特征峰积分面积；$\Delta\lambda_{EX}$ 为激发波长扫描长度；$\Delta\lambda_{EM}$ 为发射波长扫描长度。

根据体积积分法计算出的特征峰值如表 6.3 所示。

表 6.3　不同生长阶段特征峰值

生长阶段	溶解性微生物代谢产物荧光峰值 EM：280～380nm　EX：250～280nm 峰（1）	芳香蛋白类物质荧光峰值 EM：300～350nm　EX：220～250nm 峰（2）
对数期	390.6	554.0
稳定期	1209.5	1112.5
衰亡期	1820.9	2196.9

表中的数据也与图谱所体现的规律一致：从对数期到稳定期峰（1）增加了209.7%，峰（2）增加了 100.8%；从稳定期到衰亡期峰（1）增加了 50.5%，峰（2）增加了 97.5%。这也与之前的推测一致，即微囊藻活性较强阶段以溶解性微生物代谢产物增长为主，活性较弱时以芳香蛋白类物质增长为主。

3. 不同时期的蛋白质变化

上文分析了铜绿微囊藻在其生长的不同阶段向水体中释放有机物（TOC 和

DOM）的规律，可以得到相似的结论和观点。蛋白质能够更直接更充分地表现铜绿微囊藻的生长状态，蛋白质主要由两个途径进入水体，一个是活细胞的释放，另一个是细胞裂解后的释放。三维荧光的数据表明水体中蛋白质的主要来源是细胞裂解后的释放。因为培养液是在无菌条件下培养的，藻细胞释放的蛋白质很难被分解，所以在检测时蛋白质浓度会一直增加。不同生长阶段蛋白质变化特征如图 6.6 所示。

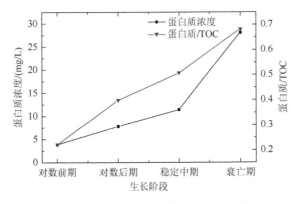

图 6.6　不同生长阶段蛋白质变化特征

从图 6.6 的趋势可以看出前期的蛋白质增加速率上升较慢，这主要是由活细胞释放造成的；但是从稳定中期开始蛋白质增长速率快速增加，而此时的藻细胞数量已经逐渐向减少方向发展，故最合理的解释为细胞死亡后细胞内的组织蛋白扩散到水体中，导致水体中的蛋白质暴发式增长。从各时期蛋白质与 TOC 的比例也可以看出：随着培养时间的增长，蛋白质逐渐变为有机物的重要组分。因此在讨论去除水体中有机物时，去除蛋白质类物质就显得尤为重要。虽然在自然条件下水体中的蛋白质会被其他微生物迅速降解消耗掉，但是分解后的产物会引起水体富营养化，进一步导致水质恶化。所以处理铜绿微囊藻水华应尽早。

4. 不同时期的 Zeta 电位变化

Zeta 电位是表征胶体粒子分散体系稳定程度的重要指标。不同 pH 条件下的 Zeta 电位代表着胶体粒子在该 pH 条件下的稳定程度，一般而言 Zeta 电位绝对值越大，体系的稳定性也越强。铜绿微囊藻不同生长阶段 Zeta 电位变化特征如图 6.7 所示。

在自然条件下，发生铜绿微囊藻水华的水体中 pH 大多会在 8.0～9.0。从图 6.7 可以观察到在 pH = 8 的位置，不同时期的微囊藻 Zeta 电位绝对值从大到小依次为稳定中期＞衰亡期＞对数后期＞对数前期。这样的结果表明处于稳定中期的铜绿微囊藻种群的稳定性是最强的，其次是衰亡期，而对数前期的种群稳定性是最差的，该结果与铜绿微囊藻的生长规律是相一致的。这样的结果再次为铜绿微囊藻的去除时机选择指明了方向。在稳定中期和衰亡期除藻要想达到对数期同样的效果，可能需要更多的投入，且难度更大。

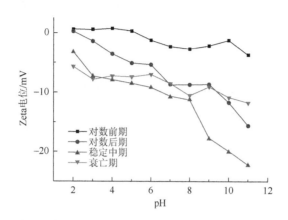

图 6.7　铜绿微囊藻不同生长阶段 Zeta 电位变化特征

6.2　海泡石对对数期微囊藻去除效果

在自然条件下，微囊藻水华可能会在短短几天时间内迅速暴发并快速生长，因此在处理这类环境问题时需要拿出应急办法，这些应急办法应该具有处理效率高、见效快、短期内不再生等特点。因此为了明确改性海泡石组合材料（MSCM）的应急有效性，本节研究测定理化指标的时间均为反应后 30min。

6.2.1　MSCM 制备所需材料与方法

在 26 种天然黏土材料中，海泡石的除藻能力最为可靠，且目前对天然海泡石的改性方法多样、成熟。本研究着眼于制备除藻效果好、能实际应用的材料，为了在规模应用中制备更为方便，所以未对材料的制备条件进行具体优化，试验制备的理化条件均是在文献基础上结合实际除藻效果确定的。且如果强调海泡石改性过程中的具体参数，在投入应用时，由于海泡石本身品质的差异，改性条件往往不能一成不变。对比发现壳聚糖相较于其他絮凝剂具有处理效率高、绿色无污染等优点，因此絮凝剂选择壳聚糖。在选择投加量时应当尽量选择能满足除藻效果的较小投加量。MSCM 主要由两部分组成：壳聚糖溶液和酸热处理后的海泡石。

1. 壳聚糖溶液制备

由于壳聚糖颗粒在常温常态下溶解速度较慢，因此将其制成溶液以精准投加。将壳聚糖加入 1%的 HCl 溶液中，不断搅拌使之完全溶解，加水定容至壳聚糖浓度为 1g/L。

2. 海泡石酸热处理

将天然海泡石用水浸泡后在离心机下采用 2000r/min 的转速离心，晾干后用 100 目筛进行筛选，得到 100 目的天然海泡石，纯度较高。用 2mol/L 的 HCl 溶液浸泡海泡石，并加热煮沸；待其自然冷却后多次用水冲洗过滤，直至出水为中性，自然晾干备用。

将酸热处理后的海泡石按固液比 1：50 的比例与 2%的 LaCl₃ 溶液混合，并在 150r/min 的转速下置于振荡培养箱中 24h，取出过滤后在 105℃干燥箱中干燥 10h，过 100 目筛即为酸热改性后的海泡石。其与壳聚糖溶液共同构成 MSCM。

海泡石改性的条件大致可以分为三个部分：天然海泡石提纯、天然海泡石酸改性、海泡石盐改性。提纯阶段选取的离心速度满足分离即可；酸泡过程中由于加热煮沸，HCl 会挥发，故对 HCl 的浓度范围可适当放宽，浓度不宜太高，投加后出现大量气泡即可；在稀土盐改性过程中，LaCl₃ 仅仅是与酸改性后的海泡石混合振荡，因此过滤后的溶液中仍然含有大量的 LaCl₃，这些 LaCl₃ 可以再次回收利用。综上所述，海泡石的改性条件不需要过于严格的控制，只需在合适范围内即可，实际的工程应用往往也很难满足严格的固定标准。

6.2.2　除藻试验所需材料与方法

该试验目的是对比 MSCM 与天然海泡石的除藻效果。向 5 个 900mL 的烧杯中分别加入 500mL 处于对数生长期的铜绿微囊藻（$OD_{680} = 0.1$）溶液，试验中采用长搅拌桨（能让藻液与海泡石混合更彻底），然后设定搅拌机的程序为快搅 250r/min 保持 4min，慢搅 50r/min 保持 15min。向 5 个烧杯中投加天然海泡石，浓度分别为 0.6g/L、1.1g/L、1.6g/L、2.1g/L、2.6g/L，待搅拌结束后静置 30min，于水面下 2cm 位置取样品进行相关理化指标的检测。MSCM 除藻试验步骤同上，不同之处是在加完酸热改性海泡石后马上向各烧杯中加 1mg/L 的壳聚糖溶液。

海泡石作为一种天然黏土材料，目前有大量研究表明其对微囊藻水华具有良好的处理效果；而壳聚糖是一种有机高分子絮凝剂，具有高效絮凝、绿色环保等优点。本节将酸热改性后的海泡石与壳聚糖溶液组合，组成 MSCM 除藻剂，并讨论其对藻细胞、N、P、有机物等各方面的处理效果。

6.2.3　藻类去除效果对比分析

对数期的铜绿微囊藻更易去除，且 $OD_{680} = 0.1$ 为藻华暴发的标志阶段，所以本节将以对数期的铜绿微囊藻作为处理对象，对比分析天然海泡石与 MSCM 的除藻性能。前人的研究表明，若单独投加壳聚糖，投加量达到 3mg/L 时去除率才达到 85%以上，且研究表明壳聚糖对水体中的 N、P 均没有明显的去除效果。因此单独投加壳聚糖时投加量较大，成本较高，且不能有效降低水体中 P 的含量，藻华可能短期内再次暴发[32, 33]。

1. 天然海泡石与 MSCM 去除铜绿微囊藻试验效果

图 6.8 是天然海泡石与 MSCM 除藻能力最直观的对比，为了体现出 MSCM 材料除藻的应急性，选择检测的指标均是在反应结束后 30min 时测定的。

(a) 天然海泡石处理前

(b) MSCM处理前

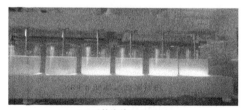

(c) 天然海泡石处理后

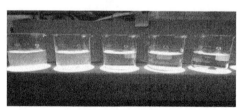

(d) MSCM处理后

(e) 显微镜下天然海泡石沉降絮体

(f) 显微镜下MSCM沉降絮体

图 6.8　天然海泡石与 MSCM 除藻效果

天然海泡石在处理后会让整个烧杯变得浑浊，且从左到右投加量越大烧杯越"白"，这是由于海泡石粉末为白色，当大量的海泡石颗粒悬浮在水体中将会让水体短期内变得浑浊，要让天然海泡石完全沉降所需时间较长；而使用MSCM 处理铜绿微囊藻后，水体会变得很清澈，当投加量达到 1.6g/L 酸热改性海泡石＋1mg/L 壳聚糖时，水体就变得比较透明，直观处理效果良好。

对比显微镜下的烧杯底部沉淀絮体可以发现：天然海泡石沉降絮体较为松散，且絮体体积也较小；改性海泡石絮体则更加密集、紧凑，这样的絮体在水体遇到扰动时也更加稳定，不容易再次泛起造成二次污染（图 6.8）。

2. 藻细胞去除效果对比

天然海泡石与 MSCM 对藻细胞的去除效果如图 6.9 所示。为了更加精确地对比处理效果，采用水体中残留的藻细胞来进行比较。可以发现若投加天然海泡石，投加量在 1.6g/L 以下时，随着投加量的增加藻细胞去除率增加。投加量在 1.6g/L 时藻细胞去除率达到 42.6%；但是投加量超过 1.6g/L 后去除率不再增加，且此后过大的投加量会导致水体较长时间内都有海泡石颗粒悬浮。若投加MSCM，在 MSCM 投加量达到 1.6g/L 酸热改性海泡石＋1mg/L 壳聚糖时，去除率已经达到 90.1%。这样的结果证明海泡石在经过一系列改性后去除能力大大提高。

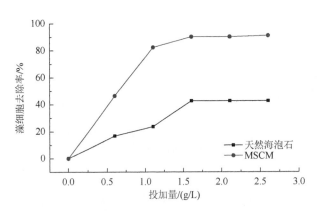

图 6.9　天然海泡石与 MSCM 对藻细胞的去除效果

MSCM 的除藻过程为混凝沉淀过程，混凝沉淀的机理包括：电性中和、压缩双电子层、网罗卷带、吸附等，由于已经知道 MSCM 中壳聚糖是主要依靠压缩双电子层来发挥作用的，为了了解酸热改性海泡石在其中发挥的作用，首先对 MSCM 中酸热改性海泡石的 Zeta 电位进行检测。改性不同阶段 Zeta 电位如图 6.10 所示。

铜绿微囊藻在自然生长条件下其细胞带电性为负，处于稳定期的 Zeta 电位为 -20mV 左右。为判断海泡石的除藻过程是否依靠电性吸引，故检测处于不同改性阶段的海泡石 Zeta 电位，分别是改性前（天然海泡石）、酸热改性完成后、

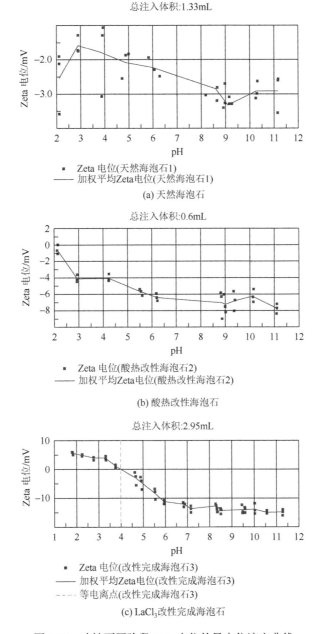

图 6.10　改性不同阶段 Zeta 电位的导电位滴定曲线

LaCl$_3$ 改性完成后。从图 6.10 可以看出：随着改性的进行海泡石的电负性逐步增强，天然海泡石由于同晶替代、表面腐殖质解离等因素所以带负电，其在 pH = 9 时的 Zeta 电位在−3.5mV 左右；酸热泡改性后的海泡石在 pH = 9 时的 Zeta 电位在−7mV 左右，而改性完成的海泡石在 pH = 9 时的 Zeta 电位在−10.5mV 左右。这是由于在酸热改性过程中 H$^+$替代了八面体中的 Mg^{2+}，所以电位略有降低。

在整个改性过程中海泡石的 Zeta 电位并没有发生大的改变，Zeta 电位的绝对值小于 30mV，表明该体系在水体中是不稳定的，也就是说不论改性前后，海泡石最终都是易沉降的。但是在试验中本研究发现天然海泡石在投加量过大后整个水体变得浑浊，海泡石颗粒在相当长时间内都不易沉降，这可能是由于铜绿微囊藻细胞的静电斥力让部分海泡石颗粒处于稳定状态。在 MSCM 处理后的水体中，海泡石颗粒在 30min 的时间内基本已经全部沉降。二者之间相近的 Zeta 电位却出现不同的试验结果可能有以下两个原因：①海泡石改性后的孔隙变大，吸附能力增强，在颗粒吸附藻细胞和有机物后重量增大，从而加速沉降；②壳聚糖的网捕架桥能力使得原本较为分散的颗粒形成网状絮体，能够捕获更多的藻细胞和颗粒，促进沉降。

海泡石的 Zeta 电位为负，而铜绿微囊藻在水中 Zeta 电位也为负，所以电性中和作用在混凝过程中并不是主要途径，同时压缩双电子层也不能解释为什么与藻细胞带同性电荷的海泡石具有很好的混凝效果。排除电性中和与压缩双电子层后，再通过检测海泡石的比表面积变化来判断改性海泡石是否依靠吸附连桥作用来除藻。

通过表 6.4 发现天然海泡石的比表面积为 31.24m^2/g，而 MSCM 的比表面积为 51.97m^2/g。酸泡后的海泡石比表面积增大，孔径扩增，吸附能力增强，尤其是对小分子有机物的吸附能力增强。在混凝过程中吸附作用也促进了絮体的形成。在投加酸热改性海泡石的同时辅助投加壳聚糖絮凝剂起到了网捕架桥的作用，再联合颗粒本身的网罗卷带能力，大大增强了 MSCM 的混凝沉淀除藻能力。

表 6.4　天然海泡石与 MSCM 比表面积与平均孔径

样品名称	比表面积/(m^2/g)	平均孔径/nm
天然海泡石	31.24	4.03
MSCM	51.97	4.76

综上所述，在 MSCM 除藻混凝沉淀过程中，主要机理为壳聚糖依靠压缩双电子层与网捕架桥发挥作用，酸热改性海泡石依靠吸附连桥和网罗卷带来发挥作用。

在进行海泡石的改性时也应当优先考虑增加其吸附能力和卷带能力。具体表现为改性时应当适当减小海泡石粒径，但值得注意的是海泡石本身密度在 2.0～2.5g/cm³，所以粒径也不宜过小，否则难以沉降，在 100 目左右即可同时满足较大比表面积和易沉降。

3. 水体澄清透明效果对比

浊度能够很好地反映海泡石颗粒在进入水体后的存在状态（悬浮或沉降），也能反映水体的澄清透明程度，水体的澄清透明程度直接影响了水体底部植物的光合作用，也影响景观水体的观赏性。

由图 6.11 可知，天然海泡石进入水体后并不能在短时间内快速地沉降，投加量低于 1.6g/L 时，随着投加量的增加，水体的剩余浊度逐渐降低，天然海泡石投加量为 1.6g/L 时，浊度从 103.4NTU 下降到 92.0NTU。对比 1.6g/L 时的藻细胞去除率可以发现：尽管此时的去除率达到 42.6%，但是藻液的澄清透明效果有限，这是由于虽然藻细胞被去除，但是海泡石颗粒短期内悬浮在水体中，让水体无法澄清透明。投加量超过 1.6g/L 后，反应结束静置 30min 后发现大量投加的海泡石难以完全沉降，这有可能是藻细胞的阻力与静电斥力作用阻碍了海泡石的沉降。天然海泡石虽然对藻细胞有一定的去除效果，但是降低浊度能力有限。

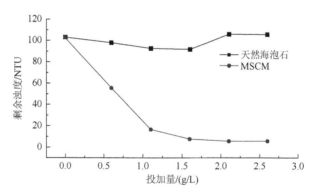

图 6.11   天然海泡石与 MSCM 对浊度效果

MSCM 在投加后水体澄清效果明显，随着投加量的增加，剩余浊度不断降低，在 1.6g/L 改性海泡石 + 1mg/L 壳聚糖时浊度由 102.7NTU 下降到 7.8NTU，此时水体已经基本澄清，再次增加投加量对水体浊度变化不大。这样的结果是由于 MSCM 去除了水体中的藻细胞，去除率达到 90%以上，降低了浊度，材料自身由于壳聚糖网捕架桥和絮凝效果增强，形成较大絮体将水体中悬浮的大分子颗粒物和死亡藻细胞裹挟卷带沉入水底，海泡石颗粒也基本沉淀。

MSCM 中含有壳聚糖这一网捕架桥工具所以更加容易沉降，同时经过酸泡后的海泡石能够更好地将藻细胞去除。为了了解改性前后的变化，对其进行扫描电镜（scanning electron microscope，SEM）表征。SEM 能够将海泡石的微观形态很直接地展现出来（图 6.12），其作为一种辅助检测方式能够很好地对前面的一些检测结果进行验证。

(a) 天然海泡石500×   (b) 天然海泡石1000×   (c) 天然海泡石2000×

(d) MSCM500×   (e) MSCM1000×   (f) MSCM2000×

图 6.12　海泡石 SEM 特征

海泡石改性前后的 SEM 对比可以发现：MSCM 变得更加粗糙，这是由于酸泡之后海泡石表面的一些碳酸盐被溶解，内部的孔道被扩大，比表面积也较天然海泡石大，所以吸附性能增强，去除藻细胞的效果与澄清的效果增强。改性后的海泡石形状变得不规则，小粒径的颗粒减少，这是由于海泡石中一般都混有一定含量的方解石，在酸泡后这些小粒径的颗粒被溶解，这也是改性后海泡石重量损失的主要原因。MSCM 纯度更高，单位重量效率也更高。

4. N、P 去除效果对比

在去除铜绿微囊藻的同时降低水体中的 N、P 水平一直是本书研究的方向和目标。因为如果能够降低水体的 N、P 水平，那么将会在一定程度上减少藻华再次暴发的可能性，从而为长期抑藻、控藻提供可能。通过查阅文献发现，在自然条件下由于 N 的来源广泛，实际中难以控制 N 的水平。同时对铜绿微囊藻的生长动力学研究发现，P 是影响铜绿微囊藻生长的主要因素，在较低的 N、P 比条件下更适合铜绿微囊藻的生长，因此降低水体中 P 的含量显得尤为重要[34-36]。

　　天然海泡石与 MSCM 对 N、P 去除效果如图 6.13 所示。对比天然海泡石和 MSCM 对水体中 N、P 的去除率可以发现：不论是天然海泡石还是 MSCM 都对水体中的 N 去除率很低，即使投加量增加到 2.0g/L，去除率也仅在 10%左右，这表明海泡石改性前后并没有增加其 N 去除能力。MSCM TP 去除能力明显要强于天然海泡石，当投加量在 0.5g/L 时 MSCM 对 P 去除率已经达到 90.90%，投加量为 1.6g/L 时对 TP 去除率达到 95.94%。而天然海泡石随着投加量的增加 P 去除率增加缓慢。

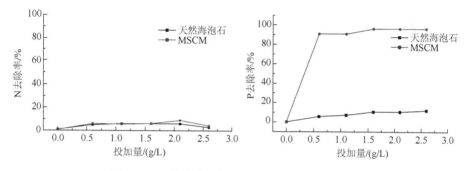

图 6.13　天然海泡石与 MSCM 对 N、P 去除效果

　　MSCM 中壳聚糖本身并不具备除 P 能力，所以二者除 P 效果的显著差异主要来自于海泡石的改性。从前面已经知道酸热改性后的海泡石比表面积增大，吸附能力增强，对 P 的吸附能力也变强，同时通过文献检索发现镧能够与水体中的 PO_4^{3-} 发生螯合反应，从而将水体中的游离 P 固定下来。对改性前后的海泡石进行傅里叶红外光谱扫描，观察其结构键位变化，确定改性后的海泡石是否有镧负载。

　　二者对 TN 均没有明显的去除效果是由于藻液中的 N 元素主要是以培养基的 NO_3-N 为主，含有的 NH_3-N 很少，而海泡石对 NO_3-N 的吸附能力较差，对 NH_3-N 的吸附能力较好。

　　红外光谱能够了解材料表面的基团和官能团，通过了解一些有象征意义的基团，能够解释试验中的一些现象，并为材料的改进提供依据和参考。天然海泡石与 MSCM 红外光谱特征如图 6.14 和图 6.15 所示。海泡石晶体结构里面存在 Mg—OH（$3669cm^{-1}$）、结晶水羟基（$3570cm^{-1}$，$3250cm^{-1}$）和 Si—OH（$3440cm^{-1}$）的伸缩振动。从图谱可以发现，酸热改性后海泡石镁羟基振动峰逐渐减弱。这说明了在酸热改性过程中，H^+ 逐步取代了八面体配位的 Mg^{2+}。

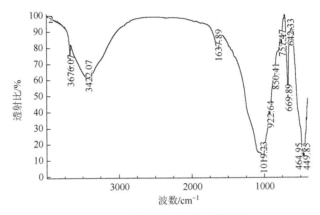

图 6.14　天然海泡石红外光谱特征

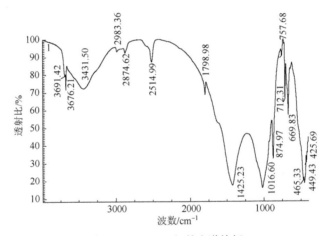

图 6.15　MSCM 红外光谱特征

　　MSCM 傅里叶红外光谱中多出了一个位置在 1425 cm^{-1} 左右的峰，且该峰的吸收度高，说明该处的峰震动较强，根据查阅文献，天然海泡石中不存在 1400～1500 cm^{-1} 的吸收峰，故该峰是改性过程中引入的，而调查资料了解到 La—O 键的峰应该在 1470 cm^{-1} 左右，且 Si—O—Si 键的峰在 1080 cm^{-1} 左右，该峰出现在 1425 cm^{-1} 可能是由于镧代替了四面体结构中的硅，形成新的四面体，而 La—O 键的键能大于 Si—O，所以新组成的硅氧四面体是二者协同震动的结果，从而导致新出现的峰位置也介于 1470～1080 cm^{-1}，这也和该峰位置在 1425 cm^{-1} 相吻合。

　　添加的 $LaCl_3$ 被负载到酸热改性后的海泡石后将会让 MSCM 具备除 P 能力，这也能够很好地解释为什么 MSCM 对水体中 P 去除率很高[37]。

5. DOM 去除效果对比

从前面铜绿微囊藻溶解性有机物释放规律的研究中已经知道：藻华水体中的

DOM 主要来源于胞内有机物和胞外有机物。胞内有机物在水体中主要是以游离态的形式存在，而胞外有机物除了以游离态形式存在，还有很大一部分存在于藻细胞外围的黏液层。当除藻材料投加到水体中时，大部分处于藻细胞外围黏液层的有机物都会随着藻细胞混凝沉淀而得到去除，而以游离态存在的有机物则是以裹挟、吸附、电性等方式被去除[38]。

通过图 6.16 可以发现对数期的溶解性微生物代谢产物和芳香蛋白类物质的荧光强度基本处于同一水平。这是由于在对数期藻细胞的数量基数较小，两类溶解性有机物均处于刚开始累积阶段，区分不明显，但是随着时间的推移，到稳定阶段则以溶解性微生物代谢产物为主。

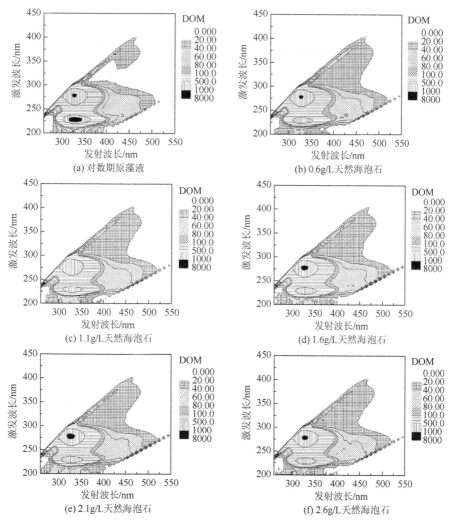

图 6.16　天然海泡石对 DOM 的影响

对数期的藻液投加天然海泡石后溶解性微生物代谢产物峰值并没有变化，且投加量增加也没有明显效果。芳香蛋白类物质在投加天然海泡石后荧光强度有所下降，但是投加量增加并没有让荧光强度进一步下降。不同类型的有机物在处理后处理效果不同，表明二者的去除方式有所不同，可能是电性差异导致去除效果有差异，即可能存在部分芳香蛋白类物质带正电，与天然海泡石颗粒结合后产生去除效果；同时投加海泡石后的搅拌、混凝、絮凝、沉淀过程中，有一部分蛋白质可能会被裹挟而随着海泡石颗粒一起沉淀，但是由于溶解性微生物代谢产物其分散游离，在处理上有难度[39]。

表 6.5 中的荧光强度变化与图谱中反映的基本一致，溶解性微生物代谢产物荧光峰值基本没有发生变化，芳香蛋白类物质荧光峰值有所减小，且荧光峰的减小与投加量多少没有直接关系。

表 6.5　天然海泡石对 DOM 影响

投加量/(g/L)	溶解性微生物代谢产物荧光峰值 EM：280～380nm　EX：250～280nm 峰（1）	芳香蛋白类物质荧光峰值 EM：300～350nm　EX：220～250nm 峰（2）
原藻液	398.2	569.3
0.6	448.2	385.4
1.1	397.1	379.2
1.6	404.4	406.8
2.1	407.5	413.8
2.6	395.7	392.9

综合荧光图谱（图 6.17）和体积积分法得到的荧光峰（表 6.6）可以看出 MSCM 投加后峰（1）、峰（2）值均迅速下降，在投加量为 1.6g/L 酸热改性海泡石＋1mg/L 壳聚糖时分别从 398.16 下降到 53.9，从 569.3 下降到 28.6，对两类有机物均有很好的去除效果。MSCM 不但除藻能力增强，对有机物的去除能力也大大提高。在 0.6g/L＋1mg/L MSCM 处出现峰（1）强度明显大于其他各投加量下的数值，甚至大于原藻液数值，这可能是机器的偶然误差导致的。

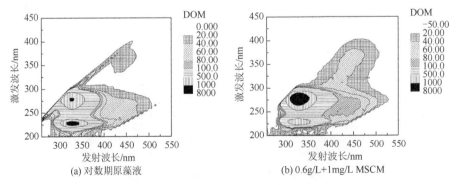

(a) 对数期原藻液　　　　(b) 0.6g/L＋1mg/L MSCM

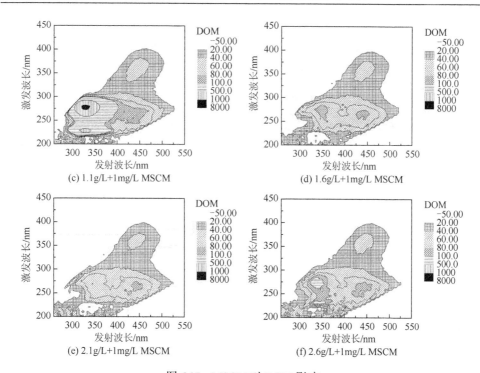

(c) 1.1g/L+1mg/L MSCM　　　　　　　　(d) 1.6g/L+1mg/L MSCM

(e) 2.1g/L+1mg/L MSCM　　　　　　　　(f) 2.6g/L+1mg/L MSCM

图 6.17　MSCM 对 DOM 影响

表 6.6　MSCM 投加后 DOM 峰值变化

投加量/ （g/L）	溶解性微生物代谢产物荧光峰值 EM：280~380nm　EX：250~280nm 峰（1）	芳香蛋白类物质荧光峰值 EM：300~350nm　EX：220~250nm 峰（2）
原藻液	398.16	569.3
0.6	686.2	441.6
1.1	394.5	288.8
1.6	53.9	28.6
2.1	45.6	31.7
2.6	65.5	58.21

　　改性前后海泡石对有机物的去除能力不同是由于改性后其混凝、絮凝的效果更好，大量的蛋白类分子会随着海泡石颗粒一起沉降，同时处于藻细胞黏液层的有机物也会因藻细胞的沉降而沉降；小分子的微生物代谢产物是由于在海泡石的改性过程中采用了酸泡的方式，打开了海泡石的内部孔隙，增加了其比表面积，提高了其吸附能力，故而改性后的海泡石对微生物代谢产物的处理能力也得到了提升。

6.3　改性海泡石组合材料对不同生长期藻类去除效果

通过 6.2 节可以看出利用 MSCM 处理对数期的铜绿微囊藻，投加量在 1.6g/L 时能达到 90.1%的去除率，同时对 P 和有机物有很好的去除效果。但是在实际工程应用中，由于大部分的水体处于富营养化状态，在合适的季节条件下，铜绿微囊藻的生长速度远远快于实验室培养，进行处理时铜绿微囊藻往往已经生长到稳定期甚至衰亡期。为了完善 MSCM 应急处理铜绿微囊藻水华效果，本节讨论 MSCM 处理稳定中期和衰亡期铜绿微囊藻的效果，并明确合适的投加量。MSCM 对不同生长阶段的铜绿微囊藻去除试验方法同 MSCM 试验一致，但是在试验前需测定试验用藻 OD_{680}，酸热改性海泡石投加量变更为 1g/L、2g/L、3g/L、4g/L、5g/L。

6.3.1　MSCM 对稳定中期铜绿微囊藻去除效果分析

稳定中期的铜绿微囊藻细胞数量庞大，稳定性强，且已经向水体中释放了大量的有机物，如果处置不当，将会对水质和水生生物生存产生巨大威胁。

1. 实验室去除效果展示

从图 6.18 中可以看出稳定中期的铜绿微囊藻处理难度明显要大于对数期，分别向各烧杯中投加 1g/L、2g/L、3g/L、4g/L、5g/L 酸热改性海泡石 + 1mg/L 壳聚糖后，只有 5g/L 酸热改性海泡石 + 1mg/L 壳聚糖组中的水体明显变清，其他各组中颜色依然较绿。同时各烧杯底部都沉淀大量的絮体，但是由于藻细胞数量过大，低剂量的 MSCM 并不能彻底去除铜绿微囊藻。由此可见，处理稳定中期铜绿微囊藻

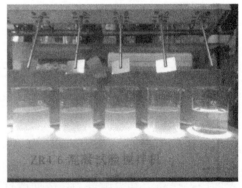

(a) 搅拌前　　　　　　　　　　　　　　　　(b) 反应后

图 6.18　稳定中期试验效果（彩图见书后）

成本将会大大提高。从对数期到稳定中期在自然条件下可能只需要 10d 左右，所以在实际处理藻华暴发时，应当及时有效控制。

2. 藻细胞去除效果分析

从图 6.19 中可以发现，随着投加量的增加，藻细胞去除率也不断增加，在投加量在 1～3g/L 时去除率的变化相对不大，但是在投加量达到 3～5g/L 时处理效率迅速增大，并且在投加量达到 5g/L 后 OD_{680} 值降低到 0.05 以下，处理效率达到 90.55%，但是这仅仅相当于对数期投加 0.6g/L 的水平，再增加投加量后 OD_{680} 也难以达到对数期的水平，只能追求达到对数期相同的去除率。

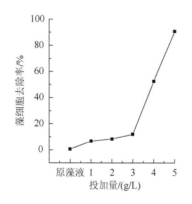

图 6.19　稳定中期藻细胞去除率变化

同时考虑去除率和经济性，一般选择投加量在 5g/L 即可。从图 6.19 中对比对数期处理效果可以发现：材料的投加量要变成之前的 3 倍才能接近对数期同样的去除率水平，但是很难达到同一 OD_{680} 水平。

3. TOC 去除效果分析

稳定中期 TOC 变化如图 6.20 所示。在确定 5g/L 的投加量后，后面的所有指标本书均考虑 5g/L 以内的处理效果。海泡石经过改性后吸附性能增强，同时在混凝沉淀的过程中会携带部分有机物沉淀，所以随着投加量的增加，TOC 值逐渐减小；但是在 1～3g/L 的范围内 TOC 下降速度相差不大，在投加量从 3g/L 增加到 5g/L 时 TOC 下降速度突然变大。联系前面 OD_{680} 变化规律可以发现：TOC 的去除规律与藻细胞的去除规律类似，二者均在 3g/L 处出现阈值，超过该值，处理效率突增，这说明 MSCM 混凝时，对藻细胞和有机物的去除具有一致性。

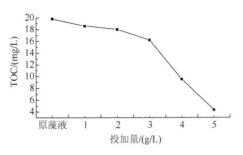

图 6.20　稳定中期 TOC 变化

在 MSCM 去除藻细胞效率时随着 MSCM 投加 TOC 去除率会突然增大,这是由于大量絮体在短时间内迅速形成,这些絮体会吸附、裹挟大量有机物,并携带这些有机物沉入水底。

4. DOM 去除效果分析

从图 6.21 中可以看出原藻液中芳香蛋白类物质的荧光强度大于溶解性微生物代谢产物。在投加量为 3g/L 酸热改性海泡石 + 1mg/L 壳聚糖时,两类有机物的峰出现明显减弱,投加量为 5g/L 酸热改性海泡石 + 1mg/L 壳聚糖时,溶解性微生物代谢产物峰已经消失,表明此时的荧光强度应该在 500 以下。

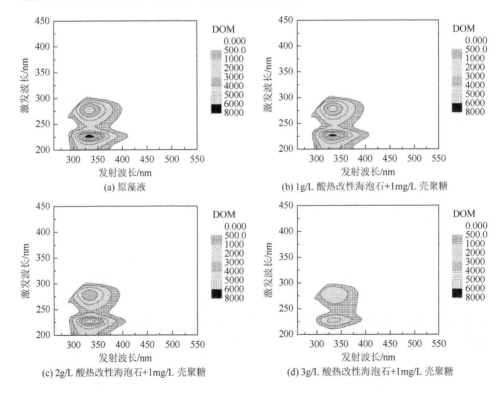

(a) 原藻液

(b) 1g/L 酸热改性海泡石+1mg/L 壳聚糖

(c) 2g/L 酸热改性海泡石+1mg/L 壳聚糖

(d) 3g/L 酸热改性海泡石+1mg/L 壳聚糖

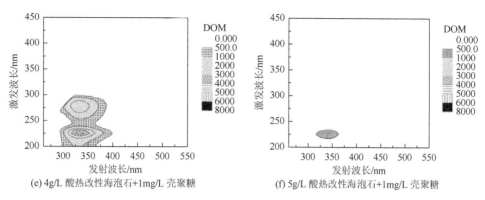

(e) 4g/L 酸热改性海泡石+1mg/L 壳聚糖　　(f) 5g/L 酸热改性海泡石+1mg/L 壳聚糖

图 6.21　稳定中期 DOM 变化

体积积分法得到的荧光峰值如表 6.7 所示，可以发现：随着投加量的增加，荧光峰值均在不断减小，在 5g/L 酸热改性海泡石 + 1mg/L 壳聚糖处达到最小，此时的峰（1）强度下降了 83.6%，峰（2）强度下降了 86.7%。这说明 MSCM 对二者去除效果的差异性很小，对不同类型的有机物均有良好的去除能力。

表 6.7　稳定中期 DOM 荧光峰值变化

投加量/(g/L)	溶解性微生物代谢产物荧光峰值 EM：280~380nm　EX：250~280nm 峰（1）	芳香蛋白类物质荧光峰值 EM：300~350nm　EX：220~250nm 峰（2）
原藻液	1710.4	2612.5
1	1650.9	2523.6
2	1471.3	2270.9
3	1084.5	1663.5
4	792.3	1049.6
5	280.7	348.5

6.3.2　MSCM 对衰亡期铜绿微囊藻去除效果分析

在现实生活中，人们往往会见到水体发绿、发臭，这有可能是藻华发展到一定阶段后，水体中的微囊藻生长阶段处于衰亡期而造成的。大量死亡的藻细胞会释放出多糖类物质、蛋白质、微囊藻毒素等，这些物质被其他微生物降解、吸收后，水体水质会迅速恶化。面对这种情况，需要采取补救性应急处置措施，本节研究 MSCM 处理对于衰亡期的微囊藻效果。

1. 实验室去除效果展示

如图 6.22（a）是处理前处于衰亡期的铜绿微囊藻液，藻液整体较为浑浊，没有稳定期的颜色均匀，且藻液中悬浮有少量的死亡藻细胞絮体，烧杯底部也沉淀有部分藻细胞。图 6.22（b）是处理后的衰亡期藻液，可以发现投加量为 1g/L 酸热改性海泡石＋1mg/L 壳聚糖时藻液的变化不大，随着投加量的增加，水体逐渐变得清澈，在投加量达到 3g/L 酸热改性海泡石＋1mg/L 壳聚糖后，水体外观已经有很大改善。

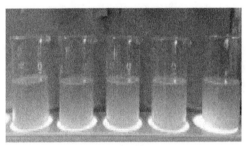

| (a) 处理前 | (b) 投加量依次为1g/L、2g/L、3g/L、4g/L、5g/L |

图 6.22　衰亡期试验效果（彩图见书后）

分别对比对数期和稳定中期的铜绿微囊藻去除效果可以看出：衰亡期的铜绿微囊藻处理难度介于对数期和稳定中期之间，在投加量达到 3g/L 酸热改性海泡石＋1mg/L 壳聚糖后直观上水体较处理前已经有很大改善；而对数期只需 1.6g/L 酸热改性海泡石＋1mg/L 壳聚糖即可达到该效果，稳定中期需要 5g/L 酸热改性海泡石＋1mg/L 壳聚糖才能达到该效果。

由图 6.22（b）可知，彻底处理后的水体中原本悬浮的死亡微囊藻絮体基本消失，烧杯底部沉淀有海泡石颗粒，呈现绿色，整个沉淀层结构较为密实，在未扰动情况下没有沉淀再次悬浮。从外观上来看，MSCM 处理衰亡期铜绿微囊藻效果较好，能够有效澄清水体。

2. 藻细胞去除效果分析

从外观上分析处理效果之后，需检测 MSCM 对藻细胞的具体去除效果。通过图 6.23 可知，投加量达到 3g/L 酸热改性海泡石＋1mg/L 壳聚糖时，外观上水体已经较为清澈，但是此时水体中的 OD_{680} 为 0.067，较原藻液 0.617 的 OD_{680} 处理率已经达到 89.1%；当投加量为 4g/L 酸热改性海泡石＋1mg/L 壳聚糖时处理率则达到 95.7%。为了降低藻华再次暴发的风险，在选择投加量时应当选择 4g/L 酸热改性海泡石＋1mg/L 壳聚糖更为保险。

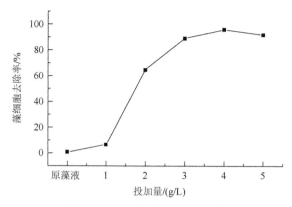

图 6.23　衰亡期藻细胞去除率变化

对比分析对数期和稳定中期的藻细胞去除情况可知：MSCM 对不同时期的微囊藻细胞均有较好的处理效果，但是不同时期所需的投加量差距较大，依次是稳定中期＞衰亡期＞对数期，与前述微囊藻在不同时期的 Zeta 电位情况相一致，再次证明了微囊藻群落结构的稳定性对 MSCM 发挥作用和剂量需求有影响，稳定性越强，处理难度越大，MSCM 需求量也越大。

3. TOC 去除效果分析

在分析对比了 MSCM 处理不同时期的微囊藻细胞规律后，需要对其去除有机物的规律进行对比分析。在前面 MSCM 处理稳定中期的铜绿微囊藻时对 OD_{680} 曲线和 TOC 曲线的相似性做出过猜测，认为 MSCM 对二者的去除机理具有相似性，都是在吸附的同时利用形成的絮体进行裹挟。

如图 6.24 所示，MSCM 对有机物的去除能力要略好于对藻细胞的去除能力，但是同样是在 4g/L 酸热改性海泡石＋1mg/L 壳聚糖时达到最大去除率，且整体趋势

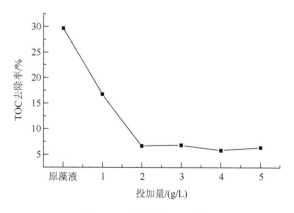

图 6.24　衰亡期 TOC 变化

一致。这说明 MSCM 在处理衰亡期的铜绿微囊藻液时其藻细胞去除规律和有机物去除规律也具有相似性，这也是对之前猜测的再一次印证。

4. DOM 去除效果分析

从图 6.25 的荧光图谱中能够直观看出在投加量为 2g/L 酸热改性海泡石 + 1mg/L 壳聚糖时，两类有机物峰已经发生明显缩小，峰（1）的缩小速度比峰（2）更快。峰（1）的初始荧光强度小于峰（2），这与微囊藻生长阶段有关，处理后的水体中

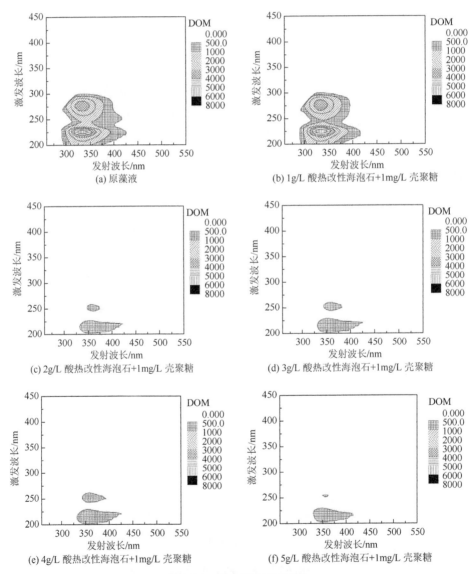

图 6.25　衰亡期 DOM 变化

峰（1）荧光强度也小于峰（2），这也表明最后水体中残留的 DOM 以芳香蛋白类
物质为主。衰亡期 DOM 荧光峰值如表 6.8 所示。

表 6.8　衰亡期 DOM 荧光峰值变化

投加量/(g/L)	溶解性微生物代谢产物荧光峰值 EM：280~380nm　EX：250~280nm 峰（1）	芳香蛋白类物质荧光峰值 EM：300~350nm　EX：220~250nm 峰（2）
原藻液	1498.8	2229.6
1	1462.5	2212.0
2	212.3	218.5
3	227.9	231.9
4	222.0	255.9
5	229.1	242.1

通过表 6.8 可以发现，原藻液中有机物以芳香蛋白类物质为主。不同于稳定
中期两类有机物随着投加量增加逐步下降，在处理衰亡期铜绿微囊藻时，水体中
的两类有机物荧光峰值在投加量为 2g/L 酸热改性海泡石＋1mg/L 壳聚糖时下降幅
度分别达到 85.8%和 90.2%，超过该投加量后两类物质的荧光峰均趋于稳定，这
样的规律与 TOC 的下降规律相一致。该剂量下藻细胞的去除取率为 66.7%，这说
明衰亡期 MSCM 对有机物的去除能力要强于除藻能力。

6.4　硅藻土和改性黏土除藻研究

6.4.1　絮凝剂与改性黏土协同除藻

1. PAC 和改性黏土协同除藻

图 6.26 表示聚合氯化铝（PAC）（投加量为 5mg/L）与改性黏土对除藻效果和
浊度的影响。当与 PAC 协同时，随着改性黏土投加量的增加，藻细胞去除率增加，
剩余浊度降低，且同一投加量下改性硅藻土的去除率要高于改性沸石。当改性黏
土的投加量为 3g/L 时，改性硅藻土对藻细胞的去除率为 97%，剩余浊度为 0.3NTU，
而改性沸石对藻细胞的去除率为 95%，剩余浊度为 0.9NTU。相对于单独投加改
性黏土，当改性黏土投加量为 3g/L 时，与 PAC 协同的改性硅藻土对藻细胞的去
除率增加了 22%，浊度降低了 11NTU，与 PAC 协同的改性沸石对藻细胞的去除
率增加了 75%左右，浊度降低了 72.6NTU。

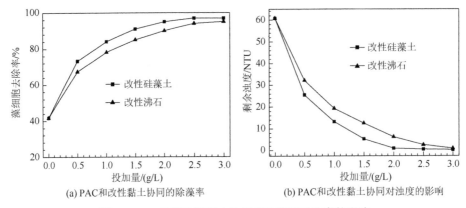

(a) PAC和改性黏土协同的除藻率　　　(b) PAC和改性黏土协同对浊度的影响

图 6.26　PAC 和改性黏土协同的除藻及对浊度的影响

无论是单独投加改性黏土还是与 PAC 协同投加，在同一投加量下，改性硅藻土对铜绿微囊藻的去除效果均要高于改性沸石。但当与 PAC 协同时，相对于单独投加，同一投加量下改性沸石对藻类的去除率要比改性硅藻土增大得快[40-43]。

2. 壳聚糖和改性黏土协同除藻

图 6.27 为壳聚糖（投加量为 0.5mg/L）与改性黏土对除藻效果以及浊度的影响。由图 6.27 可以看出，当与壳聚糖协同时，随着改性黏土投加量的增加，藻细胞去除率增加，剩余浊度降低，且同一投加量下改性硅藻土的去除率要高于改性沸石。当改性黏土的投加量为 3g/L 时，改性硅藻土对藻细胞的去除率为 98%，剩余浊度为 0.3NTU，而改性沸石对藻细胞的去除率为 93.1%，剩余浊度为 3.2NTU。相对于单独投加改性黏土，当改性黏土投加量为 3g/L 时，与壳聚糖协同的改性硅藻土对藻细胞的去除率增加了 23%，浊度降低了 11NTU，与壳聚糖协同的改性沸石对藻细胞的去除率增加了 72%左右，浊度降低了 70.3NTU。

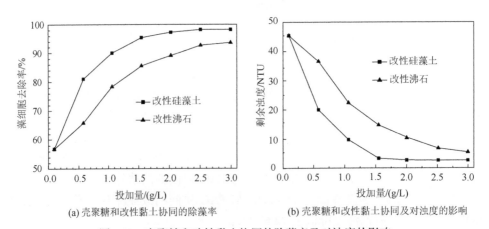

(a) 壳聚糖和改性黏土协同的除藻率　　　(b) 壳聚糖和改性黏土协同及对浊度的影响

图 6.27　壳聚糖和改性黏土协同的除藻率及对浊度的影响

无论是单独投加改性黏土还是与壳聚糖协同投加，在同一投加量下，改性硅藻土对铜绿微囊藻的去除效果均要高于改性沸石。但当与壳聚糖协同时，相对于单独投加，同一投加量下改性沸石对藻类的去除率要比改性硅藻土增大得快。

6.4.2　絮凝剂与改性黏土协同去除 N、P

1. PAC 和改性黏土协同去除 N、P

图 6.28（a）为 PAC（投加量为 5mg/L）与改性黏土协同对藻类水体中 TN、TP 去除效果的影响。由图 6.28（a）可看出，随着改性黏土投加量的增加，改性硅藻土和改性沸石对 TN 的去除率略微有所增加，且改性沸石与 PAC 协同对 TN 的去除率高于改性硅藻土与 PAC 协同。相对于单独投加改性黏土，PAC 与改性硅藻土和改性沸石的协同均没有大幅提高对 TN 的去除率。

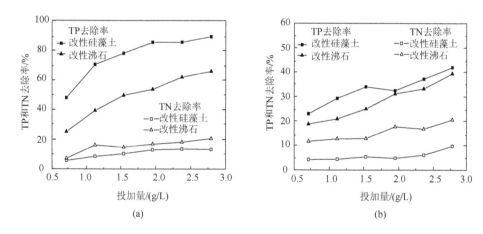

图 6.28　PAC 和改性黏土协同及壳聚糖和改性黏土协同去除 TN 与 TP

PAC 和改性黏土的协同对 TP 有较好的去除效果，且改性硅藻土与 PAC 协同对 TP 的去除效果要远高于改性沸石与 PAC 协同。当 PAC 为 5mg/L，改性黏土的投加量为 3g/L 时，改性硅藻土对 TP 的去除率为 88.7%，改性沸石对 TP 的去除率为 64.2%。相对于单独投加改性黏土，在投加量为 3g/L 时，与 PAC 协同的改性硅藻土对 TP 的去除率增加了 11.1%左右，与 PAC 协同的改性沸石对 TP 的去除率增加了 24%左右。

2. 壳聚糖和改性黏土协同去除 N、P

图 6.28（b）为壳聚糖（投加量为 0.5mg/L）与改性黏土协同对藻类水体中 TN、

TP 去除效果的影响。由图 6.28（b）可看出，随着改性黏土投加量的增加，改性硅藻土和改性沸石对 TN 的去除率略微有所增加，且改性沸石与壳聚糖协同对 TN 的去除率高于改性硅藻土与壳聚糖协同。相对于单独投加改性黏土，壳聚糖与改性硅藻土和改性沸石的协同对 TN 的去除率均没有较大的影响。

壳聚糖与改性黏土的协同对 TP 有一定的去除效果，且改性硅藻土与壳聚糖协同对 TP 的去除效果要高于改性沸石与壳聚糖协同。当壳聚糖为 0.5mg/L，改性黏土的投加量为 3g/L 时，改性硅藻土对 TP 的去除率为 41.2%，改性沸石对 TP 的去除率为 38.5%。相对于单独投加改性黏土，在投加量为 3mg/L 时，与壳聚糖协同的改性硅藻土对 TP 的去除率降低了 36% 左右，与壳聚糖协同的改性沸石对 TP 的去除率降低了 2.5% 左右。可见，壳聚糖的增加降低了改性黏土对 TP 的去除效果，原因可能是壳聚糖黏附包裹在改性黏土的表面，阻隔了改性黏土与水体的充分接触，从而导致改性黏土对水体中 P 的吸附减少，使 TP 的去除率有所降低。

6.4.3 絮凝剂与改性黏土协同对 DOM 的去除效果

1. PAC 和改性黏土协同去除 DOM

图 6.29 为 5mg/L 的 PAC 分别与不同量的改性沸石和改性硅藻土协同对铜绿微囊藻上清液中 DOM 的影响的三维荧光光谱。由图 6.29 可看出，当 PAC 与这两种改性黏土协同时，只出现类酪氨酸峰。对于改性沸石与 PAC 协同，随着改性沸石投加量的增加，类酪氨酸峰的荧光强度并没有减弱，所以与 PAC 协同可能影响了改性沸石对类酪氨酸的去除效果。

同样，对于改性硅藻土与 PAC 协同，随着改性硅藻土投加量的增加，类酪氨酸峰也没有明显减弱，与 PAC 的协同也影响了改性硅藻土对类酪氨酸的去除效果。

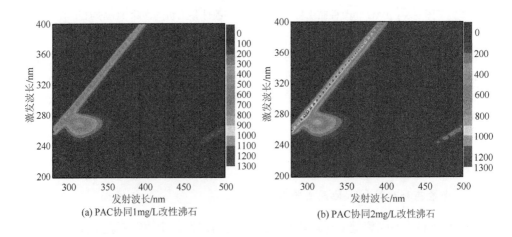

(a) PAC协同1mg/L改性沸石　　　　　　　　(b) PAC协同2mg/L改性沸石

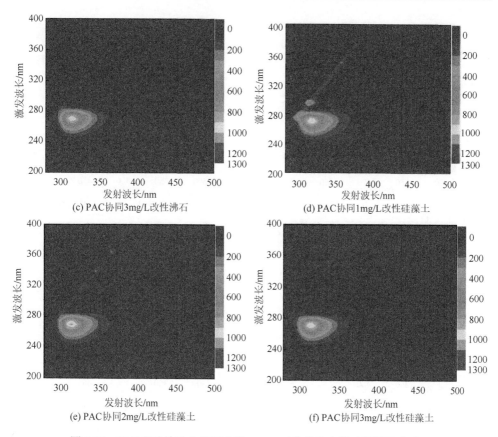

图 6.29　PAC 和改性黏土协同去除 DOM 三维荧光光谱（彩图见书后）

2. 壳聚糖和改性黏土协同去除 DOM

图 6.30 为 0.5mg/L 的壳聚糖分别与不同量的改性沸石和改性硅藻土协同对铜绿微囊藻上清液中 DOM 的影响的三维荧光光谱。由图 6.30 可以看出，当壳聚糖与这两种改性黏土协同时，均出现类酪氨酸峰。对于改性沸石与壳聚糖协同，随着改性沸石投加量的增加，类酪氨酸峰的荧光强度不但没有减弱，反而有相应的微小增强。这可能是壳聚糖的协同使得壳聚糖包裹在改性沸石表面，从而影响了改性沸石对类酪氨酸的去除效果。

对于改性硅藻土与壳聚糖协同，随着改性硅藻土投加量的增加，类酪氨酸峰的荧光强度有相应的微小减弱。这可能是由于改性硅藻土颗粒比较细小，壳聚糖无法完全包裹住改性硅藻土颗粒，从而改性硅藻土与壳聚糖的协同对类酪氨酸有微弱的去除效果。

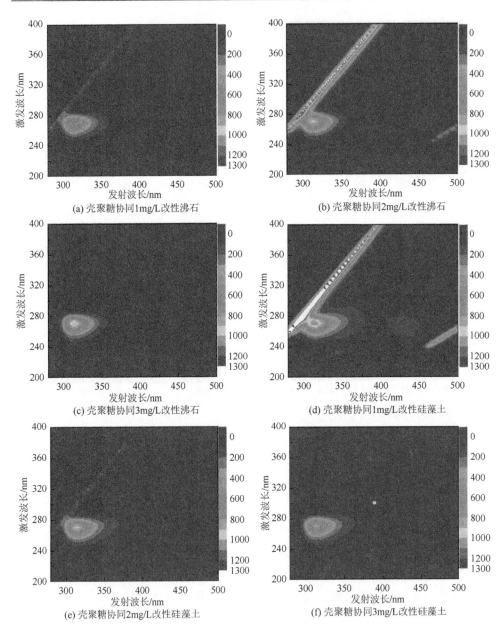

图 6.30　壳聚糖和改性黏土协同去除 DOM 三维荧光光谱（彩图见书后）

6.4.4　改性材料表征

1. 比表面积分析

表 6.9 显示，沸石经过酸浸、$LaCl_3$ 溶液改性后，比表面积、总孔容增大，而

平均孔径减小，这是由于经过酸浸处理疏通了沸石孔道，除去一些表面杂质从而改善其离子交换性能，虽然其平均孔径有所减小，但依然大于 NH_4^+ 直径。硅藻土经过酸浸、$LaCl_3$ 溶液改性后，比表面积、总孔容、平均孔径都有所增大，但增大得不多。可能硅藻土经过酸浸处理可以选择性地脱除矿物中的硅，降低硅铝比。

表 6.9　黏土改性前后的比表面分析结果

样品	沸石	改性沸石	硅藻土	改性硅藻土
比表面积/(m²/g)	35.4918	86.7906	1.7012	2.8348
总孔容/(cm³/g)	0.0558	0.0958	0.00013	0.0002
平均孔径/nm	6.2900	4.4160	0.1956	0.2792

2. 结构表征

图 6.31 为沸石和硅藻土经过酸处理，再经 $LaCl_3$ 溶液改性的 XRD 图。对比沸石改性前后，没有出现新的特征峰，只是原有衍射峰降低，表明改性并没改变沸石的晶体机构，只是除去了沸石表面原有的一些杂质。

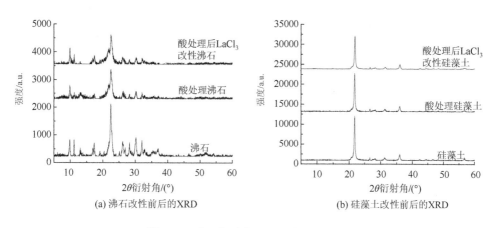

(a) 沸石改性前后的XRD　　　　(b) 硅藻土改性前后的XRD

图 6.31　沸石与硅藻土改性前后的 XRD

3. 扫描电镜结果

对改性前后的沸石和硅藻土进行 SEM 表征，结果如图 6.32 和图 6.33 所示。由图 6.32 可知，沸石经酸处理前，表面光滑，为明显的块状。经酸处理后，沸石表面坚硬的外壳被破坏，表面变得十分粗糙。再经过 $LaCl_3$ 溶液的改性，表面看起来粗糙松散，这可能是 $LaCl_3$ 溶液黏附在沸石的表面构成了一层薄薄的膜，导致其表面看起来松散粗糙。

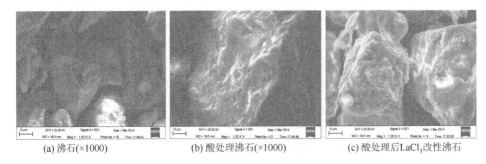

　　　(a) 沸石(×1000)　　　　　　(b) 酸处理沸石(×1000)　　　　(c) 酸处理后LaCl₃改性沸石

图 6.32　沸石与改性沸石扫描电镜图片

　　由图 6.33 可知，未经处理的硅藻土，表面光滑，颗粒完整。而经过酸浸泡处理后的硅藻土，颗粒变得破碎，表面变得粗糙，且破碎的颗粒与完整的颗粒黏附在一起。这可能是由于酸处理时的搅拌加热煮沸，硅藻土颗粒发生破损。再经过 $LaCl_3$ 溶液的改性，硅藻土的表面形貌变化不大，说明 $LaCl_3$ 的改性并没有对硅藻土的表面造成影响，其只是简单地和硅藻土黏附混合在一起。

　　　(a) 硅藻土(×1000)　　　　　(b) 酸处理硅藻土(×1000)　　　(c) 酸处理后LaCl₃改性硅藻土

图 6.33　硅藻土与改性硅藻土扫描电镜图片

6.4.5　再悬浮试验

　　不同絮凝剂、不同改性黏土及它们之间协同的再悬浮效果如图 6.34 所示。其中，对照组未投加任何材料。临界搅拌强度意指在此搅拌强度下，已沉淀的藻类絮体能够再次悬浮的搅拌速率。在 20r/min 时，絮凝剂形成的絮体已经开始再悬浮。对于改性硅藻土和改性沸石，在 40r/min 时开始再悬浮，且改性硅藻土比改性沸石悬浮的情况更为严重。对于与 PAC 协同的改性黏土，改性硅藻土在 60r/min 时就开始再悬浮，而改性沸石在 80r/min 时才开始再悬浮。壳聚糖与改性黏土协同抵抗再悬浮的能力最强，改性硅藻土和改性沸石都是在 100r/min 时才开始再悬浮。

　　在最大搅拌强度 120r/min 下搅拌 5min，沉降物全都再悬浮起来，使水体变得十分浑浊，但仍然可以看出投加的壳聚糖与改性黏土的烧杯中，悬浮物为颗粒状，可能更易于后续再沉降。

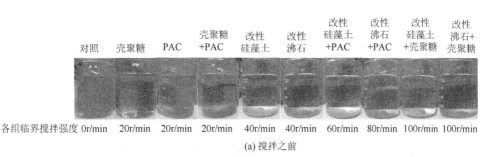

(a) 搅拌之前

(b) 临界干扰强度搅拌5min

(c) 最大干扰强度120r/min搅拌5min

图 6.34　不同沉降材料临界速率及其再悬浮效果图（彩图见书后）

6.5　沉降絮体再悬浮与有机物释放

在 6.2 节中已经了解到 MSCM 对微囊藻的去除能力，同时也确定了处理不同时期铜绿微囊藻所需的剂量，证明了 MSCM 对各时期的铜绿微囊藻均有良好去除效果。但是处理后的絮体并没有离开水体，而是随着 MSCM 一起沉淀到底部。水体的流动性和自然大风等会扰动沉降的絮体，这时就需要考察沉淀的稳定性，评估其抗再悬浮能力；同时有必要分析沉淀后的絮体是否会产生二次污染，并了解沉降絮体向水体中释放有机物的情况，这也是对 MSCM 处理微囊藻水体的后续追踪调查[44-46]。

本节讨论处理后的沉降絮体再悬浮问题，分析讨论不同的搅拌方式对絮体稳定性的影响，不同生长阶段的铜绿微囊藻絮体在沉降后遇到扰动时稳定性的区别，沉降絮体在后续时间内有机物的释放情况。

6.5.1　试验所需材料与方法

1. 不同快搅时间对沉降絮体抗再悬浮影响试验

准备 9 个 500mL 烧杯，分别倒入 300mL 藻液（对数期），长桨快搅开始后迅速向各烧杯中投加 1.6g/L 的酸热改性海泡石，随后向每个烧杯中加 1mg/L 的壳聚糖。分别将快搅时间设置为 0min、1min、2min、3min、4min、5min、10min、30min、60min，共 9 组，搅拌速度为 250r/min。将慢搅时间均定为 15min，搅拌速度为 50r/min。搅拌结束后静置 30min，于水面下 2cm 处取水样测定藻细胞密度，判断快搅时间对去除率的影响。

换短桨（不会直接搅动下层絮体），扰动程序均设置成 10r/min 保持 2min，20r/min 保持 2min，40r/min 保持 2min，70r/min 保持 2min，100r/min 保持 2min，分别对每个烧杯的絮体状态进行拍照，判断抗再悬浮能力。

2. 不同生长阶段微囊藻处理后沉降絮体抗再悬浮试验

分别取 300mL 对数期、稳定中期、衰亡期的铜绿微囊藻液加入到 500mL 的烧杯中，快搅 250r/min 保持 4min，慢搅 50r/min 保持 15min。搅拌开始后向对数期的烧杯中加入 1.6g/L 的酸热改性海泡石 + 1mg/L 壳聚糖，向稳定中期烧杯中和衰亡期烧杯中加入 5g/L 的酸热改性海泡石 + 1mg/L 壳聚糖（这样做是为保证每个组中的铜绿微囊藻都达到了 90% 以上的处理率，即在均达到满意处理结果的基础上判断各时期沉降絮体的抗再悬浮能力差异，为实际工程应用提供参考）。

换短桨，扰动程序均设置成 10r/min 保持 2min、20r/min 保持 2min、40r/min 保持 2min、70r/min 保持 2min、100r/min 保持 2min，分别对每个烧杯的絮体状态进行拍照，判断抗再悬浮能力。

3. 释放试验方法

取处于衰亡期的铜绿微囊藻 500mL 于 900mL 烧杯中，快搅 250r/min 保持 4min，慢搅 50r/min 保持 15min。搅拌开始后向对数期的烧杯中加入 4g/L 酸热的改性海泡石 + 1mg/L 壳聚糖，搅拌结束后将烧杯放回恒温培养箱，分别在静置后第 1d、7d、14d、21d 测定水体 TOC、DOM。

6.5.2　沉降絮体稳定性分析

在试验操作中发现不同的搅拌时间会对絮体最后的稳定性产生影响，不同生长阶段的铜绿微囊藻藻液在经过处理沉降后，絮体的稳定性也是有差异的。

1. 不同搅拌时间对絮体再悬浮的影响

MSCM 除藻过程是混凝过程，其快搅过程为凝聚过程，而慢搅过程为絮凝过程。快搅是为了让 MSCM 迅速在水体中混匀，并产生较小的矾花，慢搅过程所需的时间更长，搅拌强度也更小，是为了让矾花"长大"。在试验中发现快搅过程的长短会影响产生絮体的大小，并且最终会直接影响絮体的稳定性。根据快搅时间 0min、1min、2min、3min、4min、5min、10min、30min、60min 将试验组定为 1~9 共 9 组，探究不同的快搅时间对除藻效率和水体澄清是否有影响。

从图 6.35 中可以看出，快搅时间的长短对最后微囊藻去除率影响不大，除当快搅时间为 0min 时去除率为 85%外，剩下所有各组去除率均在 90%以上，其中，在快搅时间为 5min 左右时去除率最高，随着快搅时间的延长，去除率变化不明显。同时快搅时间的长短对 MSCM 澄清水体的效果影响也不大。快搅时间为 1~5min 时剩余浊度比较稳定，均在 5NTU 以下；当快搅时间超过 10min 时，浊度较 1~5min 各组有所上升。分析其中原因，主要是过长的快搅时间会将形成的絮体打散，进而影响絮体的沉淀，使水体剩余浊度升高。

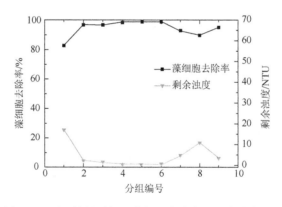

图 6.35   不同快搅时间对藻细胞去除率与剩余浊度影响

快搅时间的长短对絮体的大小和稳定性有着直接的影响，图 6.36 是不同快搅时间下产生的絮体沉淀在经受不同强度扰动后的再悬浮情况。一共 9 组，快搅时间分别设定为 0min、1min、2min、3min、4min、5min、10min、30min、60min，试验主要讨论这 9 组在面临不同强度的扰动时沉淀的再悬浮情况。通过对比得到絮体沉淀最稳定组，从而确定最合适的快搅时间。

从图 6.36 中可以发现当搅动强度低于 20r/min 时各组中几乎没有沉淀絮体泛起；当搅动强度达到 40r/min 以上后，除了 4min 组没有明显絮体泛起外，其余各组均开始有沉淀被搅动卷起；当搅动强度达到 70r/min 甚至 100r/min 后，各组均开始有大量絮体再次悬浮到水体中，但是在 0min、1min、2min 组和 5min、10min、30min、60min 组中泛起的沉淀颗粒较为细小且松散，尤其是在 5min、10min、30min、60min 这四组中再悬浮的絮体较小，整个水体均呈现出白色。

通过对比可以发现，快搅时间不超过 4min 的各组泛起的沉淀颜色偏绿，说明絮体整体较大，絮体挟带大量的藻细胞，故其重量也相对较大，遇到干扰后也更稳定，即使泛起也更容易再次沉降，其中又以 4min 组的稳定性最强；而快搅时间大于 5min 后各组泛起的沉淀整体呈现白色，这表明单个絮体上黏附的藻细胞较少，且整体絮体也较小且松散。产生该现象的原因：一方面，可能是较长的快搅时间让较大的絮体难以形成，同时原本形成的絮体在较快的搅动下也被打散；另一方面，较长时间保持快搅也让壳聚糖的网捕架桥功能难以实现，所以沉淀整体是以较小絮体的形式存在的[47]。综上所述，要想让沉降的絮体更加稳定，快搅的时间不宜太长，一般控制在 4min 即可。

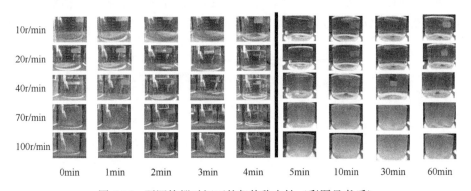

图 6.36　不同快搅时间下的絮体稳定性（彩图见书后）

2. 不同生长阶段铜绿微囊藻沉降后再悬浮效果对比分析

在试验中发现不同时期的铜绿微囊藻在被处理后，各自的沉淀絮体和抗再悬浮能力是有差异的。为了验证这一差异，对不同时期的铜绿微囊藻进行处理，达到接近的处理效率，即对数期投加 1.6g/L 酸热改性海泡石 + 1mg/L 壳聚糖 MSCM，稳定中期投加 5g/L 酸热改性海泡石 + 1mg/L 壳聚糖 MSCM，衰亡期投加 4g/L 酸热改性海泡石 + 1mg/L 壳聚糖 MSCM。将处理后的各组分别进行不同强度的干扰，从而判断各组的稳定性。

从图 6.37 中可以看出扰动强度为 10r/min 时三组都没有明显的絮体浮起；扰动强度达到 20r/min 后衰亡期的沉淀开始有絮体被卷起，其他两组不明显；稳定中期和衰亡期的沉淀在扰动强度达到 40r/min 后均有明显的絮体泛起，且稳定中的絮体颗粒更小，此时对数期则不明显；扰动强度达到 70r/min 后 3 组均有沉淀被带起，但是对数期的絮体更大，其次为衰亡期；扰动强度达到 100r/min 后 3 组均开始有大量沉淀泛起，但依然是对数期的絮体最大。

从絮体大小上看对数期＞衰亡期＞稳定中期。絮体的大小是影响其稳定性的重要因素，絮体大小呈现出这种顺序可能与 MSCM 的投加比例有关系，对数期的投加量为 1.6g/L 酸热改性海泡石 + 1mg/L 壳聚糖 MSCM，壳聚糖与海泡石的相对重量比例最高，因此，在混凝过程中壳聚糖能够很好地将大部分的酸热改性海泡石颗粒连接成网状，絮体也就更大。稳定中期的壳聚糖比例最低，壳聚糖并不能将所有的酸热改性海泡石颗粒连接成网状，也就导致大部分的颗粒以微小絮体的形式存在。虽然衰亡期的絮体大小大于稳定中期，但是衰亡期的絮体中含有大量的死亡藻细胞，这些细胞本身结构不稳定，使整个絮体在形成时缺乏稳定性，这也导致了最终稳定中期的絮体稳定性要强于衰亡期。

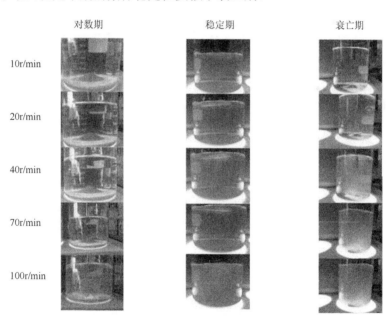

图 6.37　不同生长阶段微囊藻絮体稳定性（彩图见书后）

从稳定性上看从大到小依次是对数期＞稳定中期＞衰亡期。衰亡期的沉淀稳定性最差可能是由于絮体卷带了大量的死亡藻细胞，这些藻细胞的结构本身就不稳定，絮体整体的稳定性也较差，在遇到扰动后更易被卷起。对数期的沉淀由于其絮体较大，所以稳定性也最强。

6.5.3　沉降絮体向水体中释放有机物追踪分析

絮体沉降后仍然需要对其进行后续的监测，从而了解沉降的藻细胞全部死亡后，有机物释放到水体中的规律。有机物的来源主要还是两类：胞内有机物在细胞裂解死亡后会从絮体中释放出来，此时的絮体并不能很好地对其进行吸附；细胞外的黏液层中的有机物也因为细胞的死亡而可能再次进入水体，但是由于其在去除时已经被卷带在絮体内，释放的量较小。从前面的结论中已经知道衰亡期的铜绿微囊藻絮体沉淀后稳定性最差，所以试验采用的是衰亡期的铜绿微囊藻来研究有机物的释放规律。向衰亡期藻液中投加 4g/L 酸热改性海泡石 + 1mg/L 壳聚糖，搅拌后静置，定期取样检测，研究其有机物释放规律。

1. 水体中 TOC 含量变化分析

图 6.38 为 TOC 释放规律。处理前 TOC 含量为 42.5mg/L，处理后的第一天 TOC 含量下降到 3.5mg/L。TOC 含量在 14d 内均保持在一个比较稳定的水平，14～21d 内 TOC 的水平突然增高，到 21d 时增加到 19.35mg/L，其原因可能是在此期间藻细胞大量死亡，细胞内有机物会在短时间内迅速进入水体，水质也因此变差，21d 后 TOC 含量总体又维持在一个较平稳的水平上。

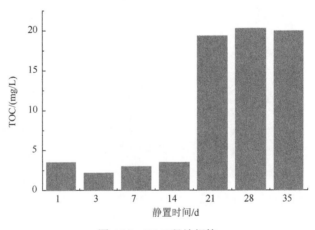

图 6.38　TOC 释放规律

处理后 TOC 在 21d 左右还是会上升到 20mg/L 左右，对比处理前衰亡期 TOC 上升到 42.5mg/L，MSCM 处理是很有必要的，其能够在一定程度上控制水体污染。

2. 水体中 DOM 释放追踪

图 6.39 为 DOM 变化规律。随着时间的延长，水体中 DOM 的荧光强度也逐渐增大，1～14d 增长较为缓慢，14～21d 增长较快，这样的结果与 TOC 的变化规律相一致。

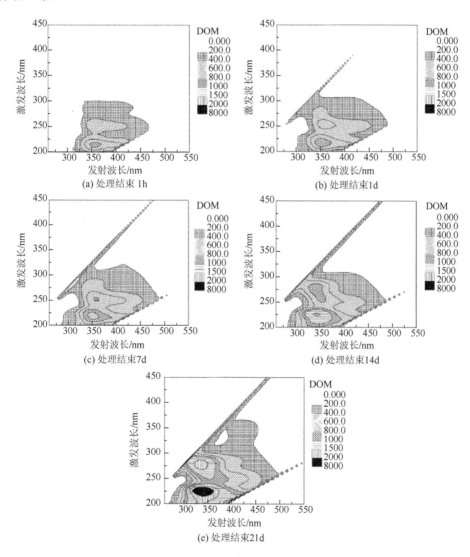

图 6.39　DOM 释放规律

表 6.10 显示了 DOM 荧光强度变化规律。芳香蛋白类物质在 14～21d 荧光峰值增加了 76.5%，溶解性微生物代谢产物增加了 60.6%。这再次表明在藻细胞死

亡后水体中芳香蛋白类物质的增长速率大于溶解性微生物代谢产物。这与不同时期的 DOM 特点相一致。

表 6.10　DOM 荧光强度变化

时间	溶解性微生物代谢产物荧光峰值 EM：280～380nm　EX：250～280nm 峰（1）	芳香蛋白类物质荧光峰值 EM：300～350nm　EX：220～250nm 峰（2）
处理结束 1h	222.0	255.9
处理结束 1d	344.1	363.7
处理结束 7d	412.0	452.0
处理结束 14d	553.0	716.4
处理结束 21d	887.9	1264.7

采用 MSCM 进行除藻后，由于藻细胞没有离开水体，后期的释放也在所难免，其中又以衰亡期的细胞总数（活细胞、死细胞）最多，释放产生的二次污染也最严重。高峰期的 DOM 荧光峰强度分别达到 887.9 和 1264.7，但是对比衰亡期的初始荧光峰 1498.8 和 2229.6 仍然有不同程度的降低，由于释放过程是一个长期缓慢的过程，并不会有有机物短期内大量释放累积的情况发生。

通过上述研究，可以得出以下结论。

（1）铜绿微囊藻会在生长过程中不断释放大量有机物，这些有机物中含有藻毒素、臭味污染物等，从稳定期到衰亡期，由于藻细胞的大量死亡，有机物也开始大量进入水体，主要有机物分为溶解性微生物代谢产物和芳香蛋白类物质两类。不同时期的铜绿微囊藻的稳定性不同，稳定中期＞衰亡期＞对数期，稳定性的强弱是影响投加量的重要因素。

（2）天然海泡石对铜绿微囊藻的去除效果有限，且投加量过大易造成浑浊现象，对有机物去除效果一般，仅对芳香蛋白类物质有一定的去除能力。将天然海泡石经过酸热-$LaCl_3$ 盐热改性后与壳聚糖溶液共同组成 MSCM，MSCM 对铜绿微囊藻有良好的去除效果，投加量达到 1.6g/L 酸热改性海泡石 + 1mg/L 壳聚糖时，对数期的藻细胞去除率达到 90%以上。同时 MSCM 能有效降低水体的浊度，快速澄清水体，高效去除水体中的有机物，投加量为 1.6g/L 酸热改性海泡石 + 1mg/L 壳聚糖时，溶解性微生物代谢产物荧光强度从 398.16 下降到 53.9，芳香蛋白类物质强度从 569.3 下降到 28.6。

（3）不同生长阶段的铜绿微囊藻所需的 MSCM 投加量不同，对数期合适投加量为 1.6g/L 酸热改性海泡石 + 1mg/L 壳聚糖，稳定中期合适投加量为 5g/L 酸热改性海泡石 + 1mg/L 壳聚糖，衰亡期合适投加量为 4g/L 酸热改性海泡石 + 1mg/L

壳聚糖。投加量大小为稳定中期＞衰亡期＞对数期，与铜绿微囊藻稳定性大小相一致。MSCM 对不同时期的藻液中有机物均有很好的去除效果，且对两类有机物的去除效果类似。

（4）通过对沉降絮体的稳定性研究发现，不同的快搅时间对 MSCM 的除藻效率没有明显的影响，但是对絮体最终的稳定性有影响，在快搅时间大于 4min 的情况下，絮体颗粒明显变小，容易受到扰动，因此在实际操作中不建议快搅时间超过 5min。不同时期的藻细胞在沉降后的稳定性为对数期＞稳定中期＞衰亡期，即对数期的絮体稳定性最强，衰亡期的絮体稳定性最差。

（5）絮体沉降后有机物在 14d 内维持在一个比较稳定的水平，在 21d 左右会达到高峰，之后基本维持稳定。高峰期的有机物水平低于处理前的水平，且保持时间较长，故自然条件下不存在有机物大量累积的情况。

（6）MSCM 对不同时期的铜绿微囊藻均有良好的去除效果，但是为了节约成本并考虑最终的絮体稳定性，在处理铜绿微囊藻藻华时应当尽早，在对数期处理效果最好、成本最低、絮体稳定性最强。

第7章 工程实际效果研究

针对白塔堡河流域水污染特征及流域水环境存在的问题，结合地方政府实际工程技术支撑需求，研究期间针对白塔堡河河口湿地进行了治理技术比选和工程验证，以期通过现场工程验证，加快提升白塔堡河入河断面水质改善，并为白塔堡河水环境综合整治技术集成提供理论及技术支撑[48, 49]。

7.1 现场中试模拟研究

根据当地地理、气候条件和环境概况，结合小试试验结果，开展现场中试模拟研究。模拟研究工程建设选址于白塔堡河入河口处，白塔堡河现场模拟工程工艺流程见图7.1。

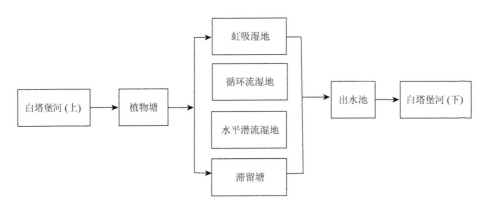

图 7.1 白塔堡河现场模拟工程工艺流程

现场中试模拟工程的植物及基质选择与小试研究保持一致，具体设计参数如下：虹吸湿地为 4m×2m×2m 的长方体单元，底部用素土夯实，铺设 500g 土工膜防水，从底往上依次为 20cm 功能填料、85cm 陶粒及沸石滤料、20cm 粗砂滤层、15cm 种植土，最后按照 20 棵/m³ 的密度种植蒲菜；循环流湿地为 4m×2m×1m 的长方体单元，从底往上依次为 65~70cm 陶粒及沸石滤料、10cm 粗砂滤层和 10cm 种植土，最后按照 20 棵/m³ 的密度种植香蒲和芦苇；水平潜流湿地为 4m×2m×1m 长方体单元，从底往上依次为 10cm 沙土保护层、65cm 陶粒及沸石滤料、10cm

粗砂滤层、10cm 种植土,最后按照 20 棵/m³ 的密度种植蒲菜;滞留塘为 4m×2m×1m 长方体单元。从底往上依次为 10cm 沙土保护层、10cm 粗砂滤层、15cm 种植土,最后按照 10 棵/m³ 的密度种植蒲菜。现场模拟工程工艺现场图如图 7.2 所示。

图 7.2 现场模拟工程工艺现场图

现场试验过程中各单元保持相同的水力停留时间(hydraulic retention time,HRT),分别为 10h~7d,白塔堡河河水经植物塘才进入潜流湿地系统,这样河水中大量的颗粒物可以在植物塘内得到有效沉淀,河流的冲击负荷得到有效削减。湿地启动周期约为 1 个月,试验开始后每周采集水样 2 次。样品保存及测试方法同小试研究。

7.2 现场中试模拟试验效果

7.2.1 常规指标变化

图 7.3 为现场模拟试验中湿地温度、DO 和 pH 的箱线图。由图 7.3 可知,4 个湿地水温保持在 13~31℃,温差较小,出水 DO 的平均值均大于 6.0mg/L,pH 维持在 7.3~8.2。

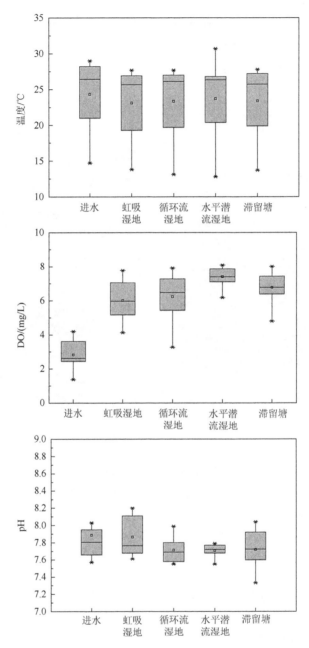

图 7.3 湿地温度、DO 和 pH 的箱线图

7.2.2 COD 去除效果分析

图 7.4 为中试湿地对 COD 去除效果与进出水浓度箱线图。由图 7.4 可知，水

平潜流湿地与滞留塘对 COD 的去除效果较好，去除率分别为 60.5% 和 55.6%，比小试 COD 去除率略有下降，这是由于湿地工程位于野外，受到外界如天气、温度、进水方式的影响，去除效果会有一定的影响。相较而言，虹吸湿地对 COD 的去除效果增强，达到 51%，这可能是由于在现场试验中加深了虹吸湿地基质层以及加大了虹吸管的长度，从而提升了湿地的复氧效率。从箱线图可见，4 个湿地出水浓度较低且比进水更为集中，表明湿地具有降低进水冲击负荷的作用[28]。

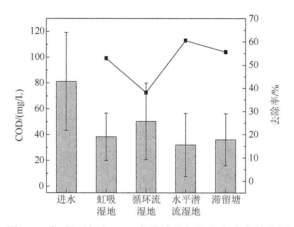

图 7.4 中试湿地对 COD 去除效果与进出水浓度箱线图

7.2.3 TN 去除效果分析

图 7.5 为中试湿地对 TN 的去除效果与进出水浓度箱线图。由图 7.5 可见，4 个湿地对 TN 的去除效果趋势与小试保持一致，其中，循环流湿地的 TN 去除效果

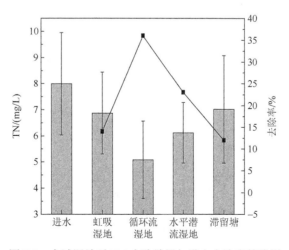

图 7.5 中试湿地对 TN 去除效果与进出水浓度箱线图

最好，出水值为 5.86mg/L，去除率达 36.36%，较小试提高了约 8%，这可能由于现场模拟工程在小试工艺的基础上加大了循环流廊道的基质铺设深度。水平潜流湿地去除率为 23.43%，较小试的 24.11% 略有下降。虹吸湿地由原来小试的 22.87% 下降到 14.06%，去除效果下降率较大。

7.2.4　NH₃-N 去除效果分析

图 7.6 为中试湿地对 $NH_3\text{-}N$ 去除效果与进出水浓度箱线图。由图 7.6 可知，水平潜流湿地、滞留塘、虹吸湿地和循环流湿地出水的 $NH_3\text{-}N$ 浓度平均值分别为 2.54mg/L、2.80mg/L、2.68mg/L 和 2.72mg/L，其去除率分别为 47.88%、42.46%、44.96% 和 44.19%。因而，尽管水平潜流湿地对 $NH_3\text{-}N$ 的去除率略高，但 4 个湿地对 $NH_3\text{-}N$ 去除能力没有显著性差异。这说明针对实际受污染河水模拟试验，在相同规模和水力停留时间及类似的填料铺设方式下，湿地的规模构造对 $NH_3\text{-}N$ 的去除能力影响较小。这个结果与小试研究基本保持一致，但与前人研究有一定差异，后续研究将进一步验证相关结果。

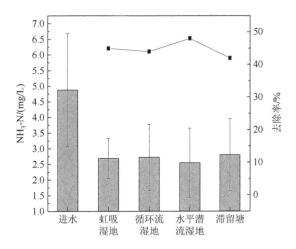

图 7.6　中试湿地对 $NH_3\text{-}N$ 去除效果与进出水浓度箱线图

7.2.5　TP 去除效果分析

图 7.7 为中试湿地对 TP 去除效果与进出水浓度的箱线图。由图 7.7 可知，虹吸湿地、循环流湿地、水平潜流湿地和滞留塘出水 TP 分别为 0.49mg/L、0.56mg/L、0.46mg/L 和 0.57mg/L，对 TP 的去除率分别为 29.21%、17.95%、32.79% 和 17.30%，其中，水平潜流湿地对 TP 去除率最高。

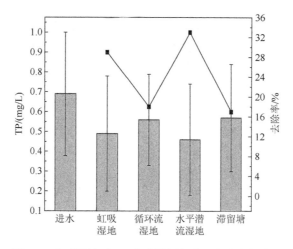

图 7.7　中试湿地对 TP 去除效果与进出水浓度箱线图

7.3　河口湿地实际工程及运行效果

白塔堡河河口湿地位于白塔堡河入浑河河口处，占地 15 万 m²，湿地采用滞留塘 + 水平潜流湿地净水技术对白塔堡河河水进行水质改善。湿地设计处理能力为丰水期 3 万 t/d，枯水期 1.5 万 t/d，该工程的目的是实现对白塔堡河河水的深度净化，带动浑河支流河口区域的生态修复，同时形成一座集水质净化与生态景观于一体的浑河河口湿地公园。湿地的整体布置图如图 7.8 所示。

图 7.8　湿地整体工艺布置图

研究过程中，针对白塔堡河河口湿地不同季节运行效果进行了监测分析，试验结果如图 7.9 所示。由图 7.9 可知，滞留塘-水平潜流湿地组合工程可以有效净化受污染的白塔堡河河水。其中，组合工艺 COD、TN、NH₃-N 和 TP 的平均进水浓度为 81.29mg/L、7.25mg/L、3.87mg/L 和 0.72mg/L 时，其相应出水浓度分别达到 36.79mg/L、5.43mg/L、1.62mg/L 和 0.30mg/L，各自的平均去除率可达 54.7%、25.1%、58.1%和 58.3%。河水经湿地工艺处理后，在研究期间 COD、NH$_3$-N 和 TP 出水浓度已达到国家 V 类水的标准。

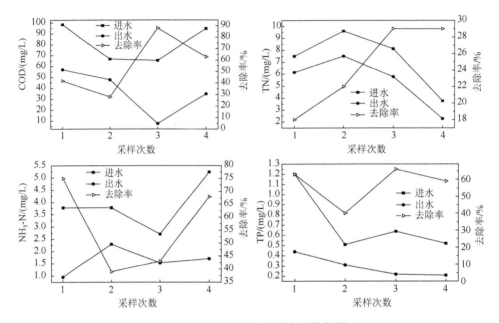

图 7.9　湿地工程去除白塔堡河指标图

参 考 文 献

[1] 郭焕庭.国外流域水污染治理经验及对我们的启示. 环境保护，2001，（8）：39-40.

[2] 彭剑峰，王宝贞，宋永会，等. 组合生态系统氨氮去除最佳单元及其去除机制研究. 中国给水排水，2007，23（15）：62-65.

[3] 彭剑峰，王宝贞，王琳. 塘-湿地组合处理系统中磷的主导去除机制分析. 南京理工大学学报（自然科学版），2005，29（5）：109-112.

[4] 李星,赵亮,杨艳玲. 锰铜复合除藻剂灭活铜绿微囊藻效能研究. 北京理工大学学报,2009，29（10）：910-913.

[5] 潘纲，张明明，闫海，等. 黏土絮凝沉降铜绿微囊藻的动力学及其作用机理. 环境科学，2003，（5）：1-10.

[6] Glover C N，Pane E F，Wood C M. Humic substances influence sodium metabolism in the freshwater crustaceandaphnia magna. Physiological and Biochemical Zoology：Pbz，2005，78（3）：405-416.

[7] Maurice P A，Manecki M，Fein J B，et al. Fractionation of an aquatic fulvic acid upon adsorption to the bacterium，bacillus subtilis. Geomicrobiology Journal，2004，21（2）：69-78.

[8] Elayan N M，Treleaven W D，Cook R L. Monitoring the effect of three humic acids on a model membrane system using 31P NMR. Environmental Science and Technology，2008，42（5）：1531-1536.

[9] Yamashita Y，Tanoue E. Chemical characterization of protein-like fluorophores in DOM in relation to aromatic amino acids. Marine Chemistry，2003，82（3-4）：255-271.

[10] 李娟娟，黄玉明. 三维荧光技术在天然水质表征中的研究进展. 环境影响评价,2011,33（1）：33-36.

[11] Fadeev V V，Dolenko T A，Filippova E M，et al. Saturation spectroscopy as a method for determining the photophysical parameters of complicated organic compounds. Optics Communications，1999，166（1-6）：25-33.

[12] Coble P G，Del Castillo C，Avril B. Distribution and optical properties of CDOM in the Arabian Sea during the 1995 Southwest Monsoon. Topical Studies in Oceanography，1998，45（10-11）：2195-2223.

[13] 吕洪刚，欧阳二明，郑振华，等. 三维荧光技术用于给水的水质测定. 中国给水排水，2005，21（3）：91-93.

[14] Coble P G. Characterization of marine and terrestrial DOM in seawater using excitation-emission matrix spectroscopy. Marine Chemistry，1996，51（4）：325-346.

[15] Hudson N，Baker A，Reynolds D. Fluorescence analysis of dissolved organic matter in natural，waste and polluted waters—a review. River Research and Applications，2007，23（6）：631-649.

[16] 于会彬，高红杰，宋永会，等. 城镇化河流 DOM 组成结构及与水质相关性研究. 环境科学学报，2016，36（2）：435-441.

[17] Chen W，Westerhoff P，Leenheer J A，et al. Fluorescence excitation-emission matrix regional integration to quantify spectra for dissolved organic matter. Environmental Science and Technology，2003，37（24）：5701-5710.

[18] 鄢远，王乐天，林竹光，等. 三维荧光光谱总体积积分法同时测定多环芳烃. 高等学校化学学报，1995，16（10）：1519-1522.

[19] 李会杰. 腐殖酸和富里酸的提取与表征研究. 武汉：华中科技大学，2012.

[20] 高景峰，郭建秋，陈冉妮，等. 三维荧光光谱结合化学分析评价胞外多聚物的提取方法. 环境化学，2008，27（5）：662-668.

[21] 吴丽萍，蒋治良. 酪氨酸的分频荧光光谱研究. 分析科学学报，2001，17（3）：221-223.

[22] 禤鹏基，赵卫红. 东海硅藻赤潮后海水溶解有机物的荧光特征. 光谱学与光谱分析，2009，29（5）：1349-1353.

[23] 张华，王宽，宋箭，等. 不同溶解氧水平上覆水中 DOM 荧光特性及总氮含量评估. 光谱学与光谱分析，2016，36（3）：890-895.

[24] McKnight D M，Boyer E W，Westerhoff P K，et al. Spectrofluorometric characterization of dissolved organic matter for indication of precursor organic material and aromaticity. Limnology and Oceanography，2001，46（1）：38-48.

[25] 贺俊华，程永进，韩艳玲，等. 特征荧光光谱法定量检测水质的研究. 光谱学与光谱分析，2008，28（8）：1870-1874.

[26] 钱锋，吴婕赟，于会彬，等. 荧光光谱结合多元统计分析太子河本溪段水体 DOM 组成及其与水质相关性. 环境化学，2016，35（10）：2016-2024.

[27] 叶建锋，徐祖信，李怀正. 垂直潜流人工湿地中有机物去除动态规律研究. 环境科学，2008，29（8）：2166-2171.

[28] 周斌，宋新山，王宇晖，等. 运行方式对潜流人工湿地氧分布及脱氮的影响. 环境科学与技术，2013，36（12）：110-113，121.

[29] 赵艳，李锋民，王昊云，等. 不同结构好氧/厌氧潜流人工湿地微生物群落代谢特性. 环境科学学报，2012，32（2）：299-307.

[30] 颜秉斐，彭剑峰，胡吉国，等. 河道滞留塘对城市河流净化效果的影响. 环境工程技术学报，2016，6（2）：133-138.

[31] 颜秉斐，彭剑峰，程建光，等. 温度对 VFW-DP 工艺净化污染河水的影响. 环境工程技术学报，2017，7（2）：146-151.

[32] 任书平. 壳聚糖混合改性硅藻土去磷除藻研究. 长沙：湖南大学，2010.

[33] Chen L，Yang Z，Liu H. Assessing the eutrophication risk of the Danjiangkou Reservoir based on the EFDC model. Ecological Engineering，2016，96：117-127.

[34] Ma M，Liu R，Liu H，et al. Effect of moderate pre-oxidation on the removal of Microcystis aeruginosa by $KMnO_4$—Fe（II）process：significance of the in-situ formed Fe（III）. Water Research，2012，46（1）：73-81.

[35] Ran Z L，Li S F，Huang J L，et al. Inactivation of Cryptosporidium by ozone and cell ultrastructures. Journal of Environmental Sciences，2010，22（12）：1954-1959.

[36] Chong M N，Jin B，Chow C W K，et al. Recent developments in photocatalytic water treatment technology：a review. Water Research，2010，44（10）：2997-3027.

[37] Toth S J，Riemer D N. Precise chemical control of clgae in ponds. Journal-American Water

Works Association，1968，60（3）：367-371.

[38] Seymour E A. The effects and control of algal blooms in fish ponds. Aquaculture，1980，19（1）：
55-74.

[39] Mohamed Z A，Hashem M，Alamri S A. Growth inhibition of the cyanobacterium *Microcystis aeruginosa* and degradation of its microcystin toxins by the fungus *Trichoderma citrinoviride.* Toxicon Official Journal of the International Society on Toxinology，2014，86（4）：51-58.

[40] 刘艳娟，杨雅雯，梁立君，等. 海泡石改性及在酱油废水处理中的应用研究. 环境工程学报，2010，4（7）：1581-1584.

[41] Huang Y Y，Yu B，Wang Y，et al. *Solidago canadensis* L. extracts to control algal（*Microcystis*）blooms in ponds. Ecological Engineering，2014，70（9）：263-267.

[42] Liu Y W，Li X，Yang Y L，et al. Fouling control of PAC/UF process for treating algal-rich water. Desalination，2015，355：75-82.

[43] Kurniawati H A，Ismadji S，Liu J C. Microalgae harvesting by flotation using natural saponin and chitosan. Bioresour Technol，2014，166（8）：429-434.

[44] Li L，Zhang H G，Pan G. Influence of zeta potential on the flocculation of cyanobacteria cells using chitosan modified soil. Journal of Environmental Sciences，2015，28（2）：47-53.

[45] Yi T，Zhang H，Liu X N，et al. Flocculation of harmful algal blooms by modified attapulgite and its safety evaluation. Water Research，2011，45（9）：2855-2862.

[46] Cheung K C，Venkitachalam T H. Improving phosphate removal of sand infiltration system using alkaline fly ash. Chemosphere，2000，41（1）：243-249.

[47] Pierce R H，Henry M S，Higham C J，et al. Removal of harmful algal cells（*Karenia brevis*）and toxins from seawater culture by clay flocculation. Harmful Algae，2004，3（2）：141-148.

[48] 曹西华，宋秀贤，俞志明，等. 有机改性粘土去除赤潮生物的机制研究. 环境科学，2006，27（8）：1522-1530.

[49] 徐化方，胡振琪，龚碧凯，等. 复合改性海泡石理化特性分析. 非金属矿，2011，34（1）：18-20，36.

彩　　图

(a) 搅拌前

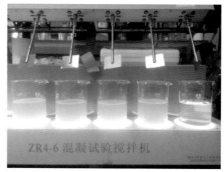

(b) 反应后

图 6.18　稳定中期试验效果

(a) 处理前

(b) 投加量依次为1g/L、2g/L、3g/L、4g/L、5g/L

图 6.22　衰亡期试验效果

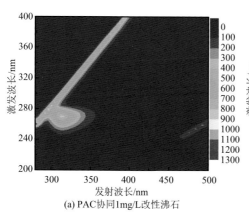

(a) PAC协同1mg/L改性沸石

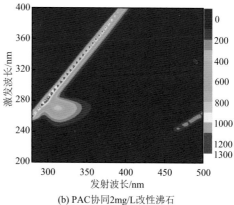

(b) PAC协同2mg/L改性沸石

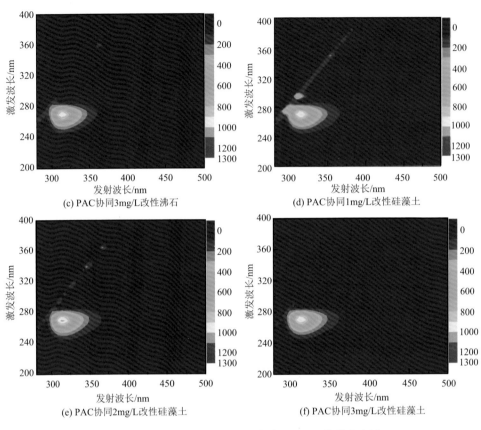

(c) PAC协同3mg/L改性沸石　　　　(d) PAC协同1mg/L改性硅藻土

(e) PAC协同2mg/L改性硅藻土　　　　(f) PAC协同3mg/L改性硅藻土

图 6.29　PAC 和改性黏土协同去除 DOM 三维荧光光谱

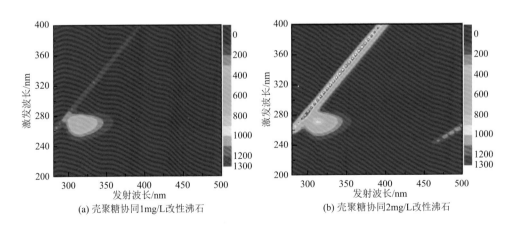

(a) 壳聚糖协同1mg/L改性沸石　　　　(b) 壳聚糖协同2mg/L改性沸石

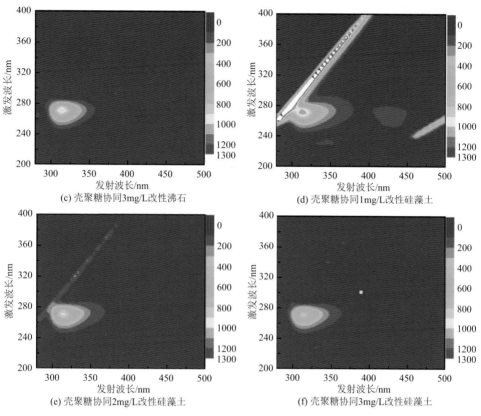

(c) 壳聚糖协同3mg/L改性沸石

(d) 壳聚糖协同1mg/L改性硅藻土

(e) 壳聚糖协同2mg/L改性硅藻土

(f) 壳聚糖协同3mg/L改性硅藻土

图 6.30　壳聚糖和改性黏土协同去除 DOM 三维荧光光谱

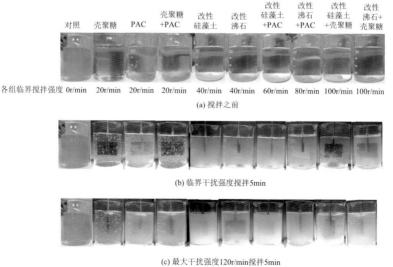

各组临界搅拌强度　0r/min　20r/min　20r/min　20r/min　40r/min　40r/min　60r/min　80r/min　100r/min　100r/min

(a) 搅拌之前

(b) 临界干扰强度搅拌5min

(c) 最大干扰强度120r/min搅拌5min

图 6.34　不同沉降材料临界速率及其再悬浮效果图

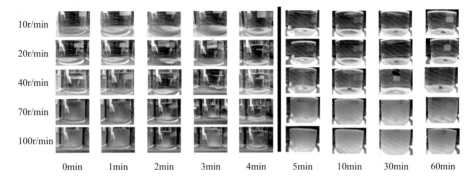

图 6.36　不同快搅时间下的絮体稳定性

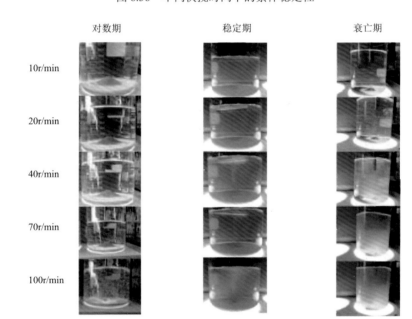

图 6.37　不同生长阶段微囊藻絮体稳定性